零浪费花园

家庭种菜指南

教你用最少的浪费，最大化利用场地，品尝到更多的自然风味

[英] 本・拉斯金（Ben Raskin） 著

[英] 爱丽丝・帕图洛（Alice Pattullo） 插图

石俊峰 译

机械工业出版社

这是一本有机园艺手册，将指导读者如何最大限度地利用种植空间并提升果实风味，书中列举了几种保存、加工果蔬的方法和几十种果蔬的种植要点，指导说明了在多大的空间中种植多少才能获得较好的结果，以及如何降低种植过程中可能产生的浪费。本书由英国有机种植慈善机构——土壤协会园艺负责人本·拉斯金著，附有丰富生动的植物手绘图和精美插图，知识与美观兼备、科普与实用并存，是一本面向对家庭种菜、家庭园艺感兴趣的人的园艺科普书。

Zero Waste Gardening
by Ben Raskin
ISBN 978-0-7112-6233-1

First published in 2021 by Frances Lincoln Publishing an imprint of The Quarto Group.

北京市版权局著作权合同登记 图字：01-2022-6349号。

图书在版编目（CIP）数据

零浪费花园：家庭种菜指南 /（英）本·拉斯金（Ben Raskin）著；石俊峰译. —北京：机械工业出版社，2024. 4
书名原文：ZERO-WASTE GARDENING
ISBN 978-7-111-75424-4

Ⅰ. ①零…　Ⅱ. ①本… ②石…　Ⅲ. ①蔬菜园艺—指南　Ⅳ. ①S63-62

中国国家版本馆CIP数据核字（2024）第059053号

机械工业出版社（北京市百万庄大街22号　邮政编码100037）
策划编辑：赵　荣　　　　　责任编辑：赵　荣　张大勇
责任校对：郑　婕　张　征　责任印制：张　博
北京利丰雅高长城印刷有限公司印刷
2024年6月第1版第1次印刷
148mm×210mm · 5.125印张 · 208千字
标准书号：ISBN 978-7-111-75424-4
定价：49.00元

电话服务
客服电话：010-88361066
　　　　　010-88379833
　　　　　010-68326294

网络服务
机　工　官　网：www.cmpbook.com
机　工　官　博：weibo.com/cmp1952
金　　书　　网：www.golden-book.com
机工教育服务网：www.cmpedu.com

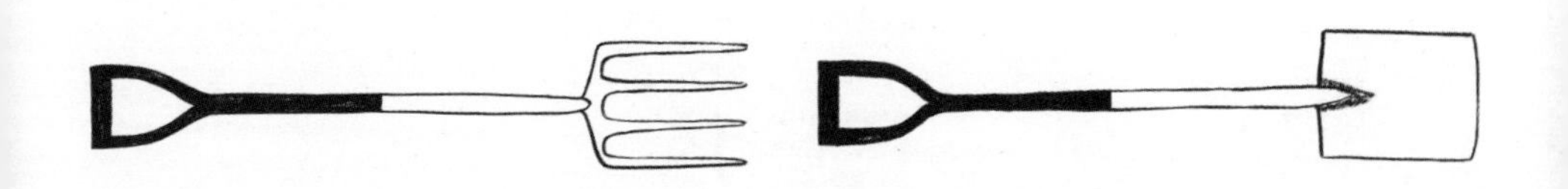

零浪费花园

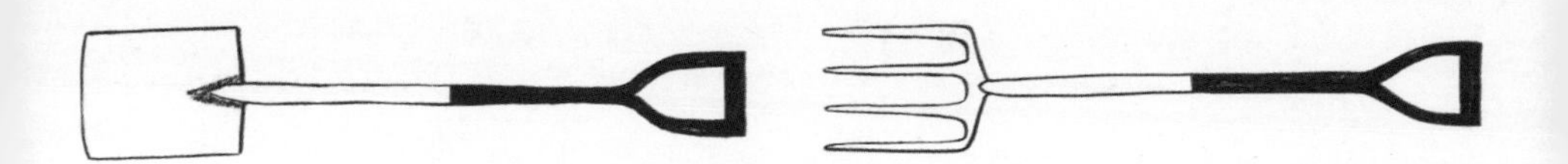

译者序

很高兴有机会把这本书带给大家，即使现在园艺类书籍已经非常多了，但这本书也是独具特色的。它将种植技巧和零浪费理念相结合，致力于让更多人参与到生态环保的行动中。我认为园艺种植可以分为三个阶段：最基础的，如何才能种出来；升阶的，怎么才能种得更好；顶级的，如何通过种植与自然共生。这本书就是那个把你带入第三个阶段的佳作。

当然，因为国外的城市形态、气候环境、饮食习惯等和国内有所不同，这也导致书中部分植物对我们来说可能比较陌生，而我们比较常种植的某些作物又不在其中。不过，自然的规律向来可以举一反三，希望这本书可以成为大家推开自然之门的钥匙。

植物往往在不同的地区有不同的叫法，有的植物其子品种非常多，尤其是部分育种工程培育的品种仅在某些地区销售，这让涉及品种的翻译格外困难，为了方便读者考证，我将某些品种的原著英文以括号形式附在中文之后。为了方便中文读者阅读，我还在原书自带词汇表的基础上，针对部分比较专业的中文词汇增加了“译者附词汇表”。

还有一些值得特别说明的地方，如：南瓜、西葫芦和黄瓜，同属于葫芦科，分属不同的属，但都属于南瓜族。卷心菜、抱子甘蓝、菜花和芜菁属于芸薹属，而芝麻菜属于芝麻菜属，它们分属不同的属，不过芸薹属和芝麻菜属都同属于芸薹族。虽说原书使用的单词为“brassicas”，既不是专指十字花科的“Brassicaceae”（现用名）、“Cruciferae”（曾用名），也不是专指芸薹族的“brassiceae”，直译为“芸薹类”也不够严谨，在此考虑用词的严谨性、上下文的写作习惯和连续性，将书中的“brassicas”译为芸薹族。“族”是介于“科”与“属”之间的分类单位。

书中第一章“绿肥”小节介绍了车轴草可以固氮，原文使用的单词为“clovers”，意思是“三叶草”或“三叶草属”（也叫车轴草属）植物，而“三叶草”在中文里主要代表了三类植物：豆科的车轴草属、苜蓿属和酢浆草科酢浆草属中的某些种类。因文中强调豆科植物的固氮效果，在翻译时使用了“车轴草”这个名字，以免读者混淆。同时需要注意的是，中文里的“车轴草”又可指两类植物，此处指的是豆科车轴草属里的多种植物的统称，并不是茜草科拉拉藤属的多年生草本植物车轴草。

书中第四章“芦笋”小节的“零浪费提示”中，“芦笋的叶”原文用词为“ferns”，该词在农学中所指含义非常清晰，为“蕨类植物”，但此处所指结合上下文应为：“芦笋长大无法食用时的某个部位”，芦笋（*Asparagus officinalis* L.）是天门冬科天门冬属多年生草本植物石刁柏的幼苗，并不是蕨类植物。参考蕨类植物的叶片确实常作为插花装饰材料，而芦笋的叶长得比较像文竹，也具有装饰价值，因此此处本人将其翻译为“芦笋的叶”。

翻译中可能存在不足之外，还望大家批评指正。

愿我们都能在种植的过程中，找到自己。

石俊峰

2023年12月于北京

前言
零浪费花园的理念

“零浪费”是目前很受欢迎的一个词汇，因为我们终于意识到我们星球上的资源并不是无限的。尽管目前我们是否真的能够以当前的人口总数在可持续循环模式下生存下去仍然存在争议，但至少有一点是明确的：我们都可以做一些事情来帮助减少对气候和自然环境的负面影响。

我不会承诺你可以通过在花园里种植水果和蔬菜，来实现完全的自给自足，或将碳足迹降为零。

毕竟，要想实现这一目标，你至少需要在大约2公顷的土地上全职务农才行。

不过，至少你可以通过自己种植水果和蔬菜来降低采购量，并享受自己努力种植和烹饪的成果。

一株植物上有很多部分都是可以利用的，但因很多人不知道而被浪费掉了，了解这些能让我们更好地去利用采购回来的农产品。

——如同是自己亲手种植的那样珍贵。

浪费是如何产生的？

在采收前

通常容易被忽视的、最先出现的浪费，来自于那些没有正常发芽的种子。毕竟我们花钱买了它们，花时间和精力去播种和浇灌它们，如果最后它们没有发芽，这些投入就彻底浪费了。

其次是在作物的整个生长过程中随时都有可能发生的浪费，如受虫害、病害、干旱、水涝等环境问题影响导致的作物死亡或减产，甚至周围的杂草对作物来说都是很大的威胁。

如果我们能通过提高自己的种植技巧来避免作物出现上述问题，自然就能减少采收前的这些浪费。

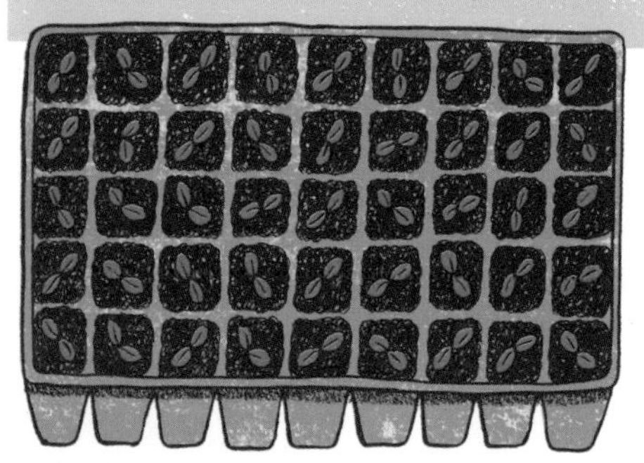

在储存的过程中

大部分的农产品都需要储存一段时间，有时仅需短短几天，但对于像土豆或苹果这样的农产品来说，可能会储存长达好几个月的时间。而在储存的过程中，食物往往会发生腐烂。改善储存的条件就可以减少这些浪费。

这就是冷冻、烘干和腌制等方法发挥作用的地方，它们可以大大延长我们安全储存食物的时间。

在收获时

在商业生产中，不符合买家规格要求的作物会被“分级出局”。可以根据外观、大小或形状对产品进行分级。然而，产生多少浪费、规格标准是什么，都取决于买家的喜好。一些地方的农箱计划（见“译者附词汇表”）在作物的形状和大小方面的要求会比超市更具灵活性。当我们自己种植时，我们可以将这部分的浪费减少到几乎为零。因为如果是自己花时间和精力种植的作物，自己当然会舍不得浪费，尽可能利用它们，不会在意它是否好看。如胡萝卜顶端或叶芽等部位的食用会让你减少浪费，从作物中获得更多的收益。

在厨房里

把你料理的食物都吃掉和实时了解冰箱里还剩下什么，是减少厨余浪费的好方法。我的父母经历过第二次世界大战和战后的定量配给时期，因此在我们家浪费食物是绝对不被允许的。鉴于这个星球当前的环境状况，不浪费食物肯定是明智的。

投入的其他资源

除了在作物本身上下功夫，还有其他办法帮助我们实现零浪费吗?

例如，使用回收的物料来抬升苗床或制作棚架；使用手动工具而不是燃油驱动的工具；最大化地利用可再生资源（阳光、水、堆肥和各类肥料）等，都是很有效的方法。

场地、美味和浪费

大多数人用来种植作物的场地都比较有限。那么选择种植什么以及在种植后如何利用好它们就会是个棘手的问题。植物会长多大?每个植物可以收获多少食物?自己种植的食物会更好吃吗?在我们探讨这些问题的同时，也要看看我们丢弃浪费了哪些植物上本可以食用的部分。从胡萝卜的叶到黄瓜的花，从茴香的籽到覆盆子的叶，我们将探讨这些被忽视的食物，帮助你即使在一个小的地块中，也能得到最大的收获。

场地

零浪费花园需要有良好的种植规划，这本书会针对每个作物的特色提供指导，说明它们需要多少空间以及你可以期望能够获得的产量。这将帮助你在场地里尽可能随心所欲地种植。我们还将探讨一种叫“间植”的方法，意思是在生长缓慢的植物之间挤入小且生长快速的作物。还可以通过种植爬藤爬架植物来最大化利用你的场地。

美味

自己种植作物最吸引人的地方是，它们往往比外面买的食物更加美味。哪些作物可以变得更加美味呢?叶菜类蔬菜自然是必不可少的，因为它们一旦被采摘就很容易变质，很难买到绝对新鲜的叶菜。除了叶菜，番茄、玉米和豌豆等作物也值得为之腾出种植空间。

我们还将探索不同的贮藏方法，以保持作物最佳的品质和口感。冷冻、烘干、腌制和发酵等方法可以帮助你保存过剩的食物，供你随时食用。

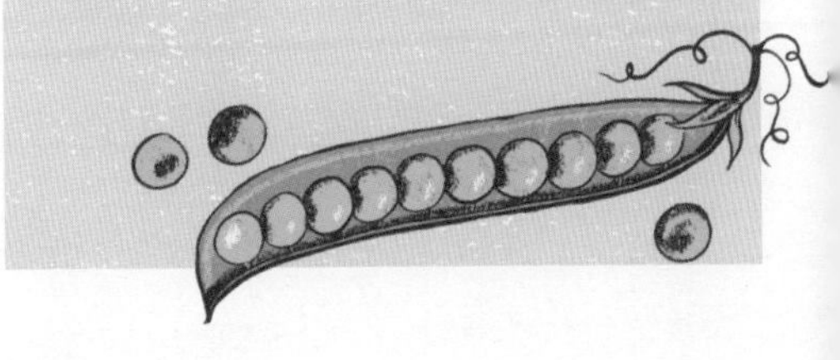

浪费

不论如何，及时采收并吃掉它们才是最不浪费的。因此，如果你计划在夏天出去度假，那就不要种植只在你外出度假时才能收获的那些品种。还有一点也很重要，那就是种植哪种作物才能既满足株间距需求，又不至于浪费土地?除此之外，我们还需要去研究如何制作免费的植物肥料，如何最大化捕获太阳的能量，以及如何从咖啡渣等废弃物中回收养分等问题来减少浪费。

目 录

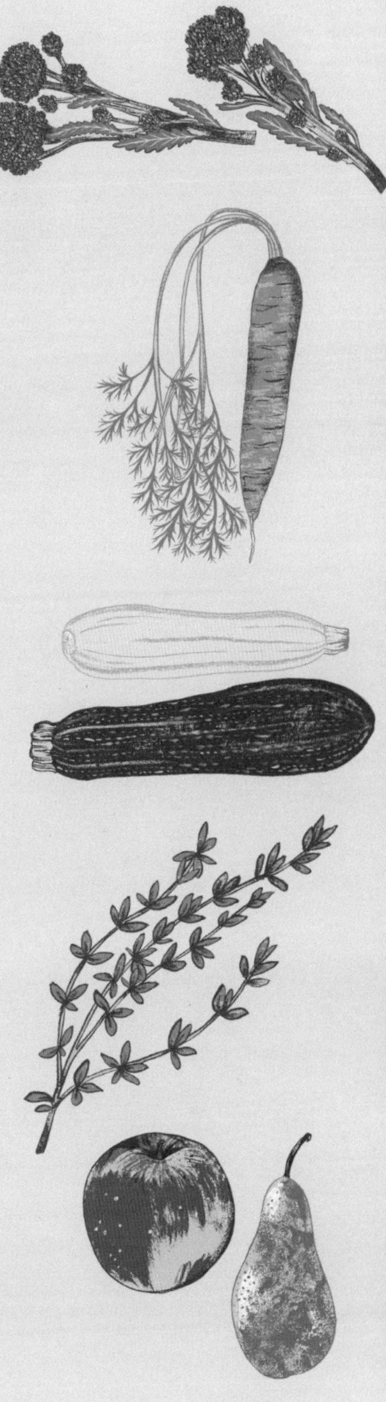

第一章
场地

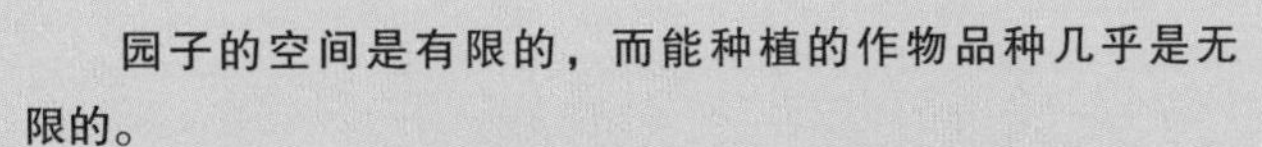

园子的空间是有限的，而能种植的作物品种几乎是无限的。

对所有人，尤其是初学者来说，制定合理的种植计划一直都是一个又棘手又费时的问题，这一章的目标就是帮你解决这个问题。

在短期内填满所有可种植的空间是一个有效的办法，但我们也需要考虑长期的规划。

健康的土壤才能长出健壮的作物，在种植前进行充分的土地准备，深刻理解“轮作”并制定轮作计划，可以帮助我们拥有健康的土壤。

零浪费的花园意味着最大限度地捕获阳光和水分，从而用最小的资源输入（来自园子外部的肥力、成本、努力）得到最大的产出，终极目标是尽可能利用生产出的农产品。

可以参考“产量”部分，了解可能影响实际收成的因素。除了技能和经验外，天气、土壤和品种等因素也可以影响产量，虫害和病害更是如此。

做计划是关键：充分利用空间并尽量减少杂草，轮作、间植、架设爬藤架等都是必要的措施。

“如何选择种什么”这部分还提供了有关种植顺序的建议。

持续做种植记录是学习和进步的好方法，请持续记录哪些作物表现良好以及何时表现良好。尽管每年的情况可能都不大相同，但这样的记录仍然有助于你在未来做出更好的种植计划。

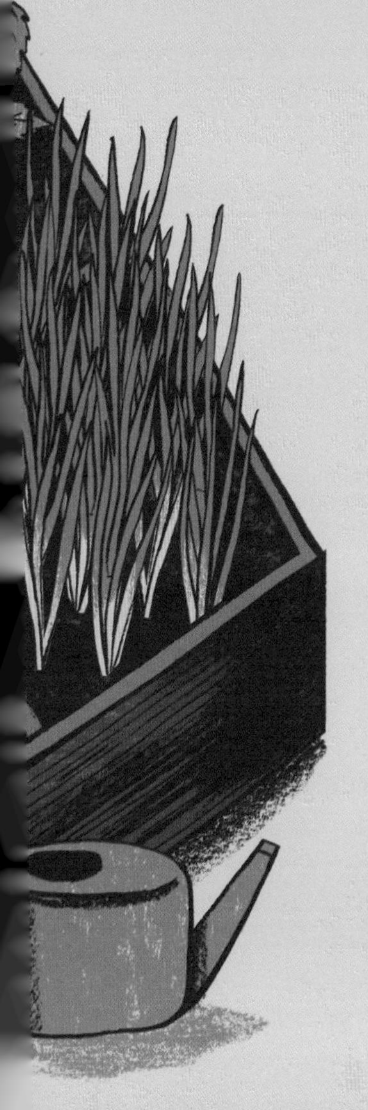

准备土地

减少投入的资源/回收利用

你会发现一些传统的园艺书籍对于翻耕甚至是深耕有着偏执的痴迷。这个奇怪的概念似乎是由喜欢繁重体力劳动的人们想出来的。但我更喜欢利用自然本身的力量，这个原则可以纳入零浪费花园的体系中。

当我们翻耕或深耕时，本质上是做了下面两件事。第一，翻耕会加速土壤中的有机物质转化为二氧化碳。这对土壤来说不是件好事，因为我们需要这些有机物质来滋养土壤中的众多生物，何况我们居住的这颗星球本来就急需减少碳排放了。第二，翻耕不仅会干扰土壤中的生物平衡，还会杀死有益的真菌。真菌特别容易受到干扰，因为它们的菌丝（地下传播的白色根状部分）非常脆弱。

如果是胡萝卜和欧洲防风这类作物，我们是必须对土地进行翻耕的。因为它们只能在土壤耕性（见“词汇表”）更细腻的地方发芽。但大多数植物都可以在无翻耕或少翻耕的情况下种植，从而少浪费土壤中的营养。

开始种植之前，我们需要移除或抑制已经生长在那里的其他植物。除掉它们的一种好方法是使用覆盖物，可以是任何一种能够覆盖地面并阻止光线照射植物的材料。这能杀死它们，至少能使它们更容易被拔除。旧瓦楞纸板就能轻松胜任这个工作。把旧瓦楞纸板剥掉胶带后平铺在你想要准备种植的区域上——最好先把现有的植物剪短再覆盖纸板。我通常会放置两三层纸板以确保百分百的光线隔绝效果。还需要确保纸板不会被风刮走。可以用石头或其他重物压住它们，但更好的方法是在上面添加另一层有机物，如堆肥或木屑。这不仅可以使纸板固定在原处，还可以为土壤增加更多的营养物质，在种植植物时会更加受益。如果可能的话，最好在春季的前一个秋季铺设覆盖物，即使只是用纸板覆盖短短几个月，地面也会变得更容易种植。

当种植果树或大型植物时，我们可以将覆盖物保留在原处，挖个洞进行种植。南瓜也可以用这种方法种植，但要小心蛞蝓的侵害。去掉剩下的纸板之后，轻轻地翻耕一遍，去除剩余幸存的杂草，这样会使大多数小型作物长得更好。一般来说纸板会被分解掉，那样这片土地就不用去除纸板，可以直接用于种植了。

轮作

这个术语的意思是：同一种作物不能在同一片区域连续播种。轮作是非常重要的有机农法，有助于在植物的需求、杂草的竞争、虫害与病害的胁迫（见“译者附词汇表”）之间寻找平衡。理论上，不同的作物需要不同的营养物质，容易受到的虫害和病害侵袭也不同。如果我们每年都在同一个地方种植同样的作物，就可能会导致土壤缺乏某些营养素，或让这片土地上某些虫害的数量过多。有些植物比其他植物更善于压制杂草，例如，大叶子的卷心菜与细长叶子的洋葱相比之下更容易与杂草竞争。于是我们可以通过轮作阔叶作物来控制这片地上杂草的生长。

尽管轮作的必要性还存在一些争议，有些人认为，如果土壤生态良好且自留打籽，就可以在同一地点连续播种同样的作物，如秀明自然农法（见“译者附词汇表”）。我却认为轮作至少是一种保险：因为你在自家的园子里很难形成复杂又完美的自然生态系统，而轮作至少可以降低我们种植失败的概率。

并不存在完美的轮作，但一些基本原则可以帮助我们制定更合理的种植计划。首先要看植物的科属分类。例如，所有的芸薹族作物都会遭受相似的虫害和病害，因此可以把卷心菜、抱子甘蓝、菜花、芝麻菜和芜菁等芸薹族作物在轮作中归为一类。同样，南瓜、西葫芦和黄瓜都属于葫芦科的植物，也可以归为一类。一旦你了解了植物的科属分类和特点，自然就能知道在同一地点种植高风险科属植物的时候应该加入轮作间隔。

能在土壤中长期存活的病菌才是最大的风险。例如洋葱白腐病、菌核病或根肿病，它们躲在土壤中，很难被根除。即使没有种植寄主作物，洋葱白腐病病菌也可以在土壤中存活长达15年的时间。因此，生长期更长的作物比快速成熟的作物更容易遭受病害的侵袭。以下科属的作物应特别注意：百合科葱属、十字花科芸薹属、茄科茄属等。

由于我们种植的许多作物都属于同一科，实现轮作就显得更难了。例如，番茄、辣椒和茄子都是茄科植物。

推荐的轮作最低间隔年限为4年，以保证高风险作物能获得足够的种植间隔，轮作间隔时间越长，效果自然就越好。一旦开始规划轮作，你要意识到，有些作物会占用特别大的地方，导致你没有足够的空间去种植其他你喜欢的蔬菜了。平衡所有作物的种植空间和它们的健康需求是很难的一件事。因此我一般不会太受限于轮作，只要在实际的空间和需求范围内尽量延长各组作物之间的间隔时间即可。注重土壤健康（见“译者附词汇表”）和构建完整的花园生态系统也可以减少作物的风险。

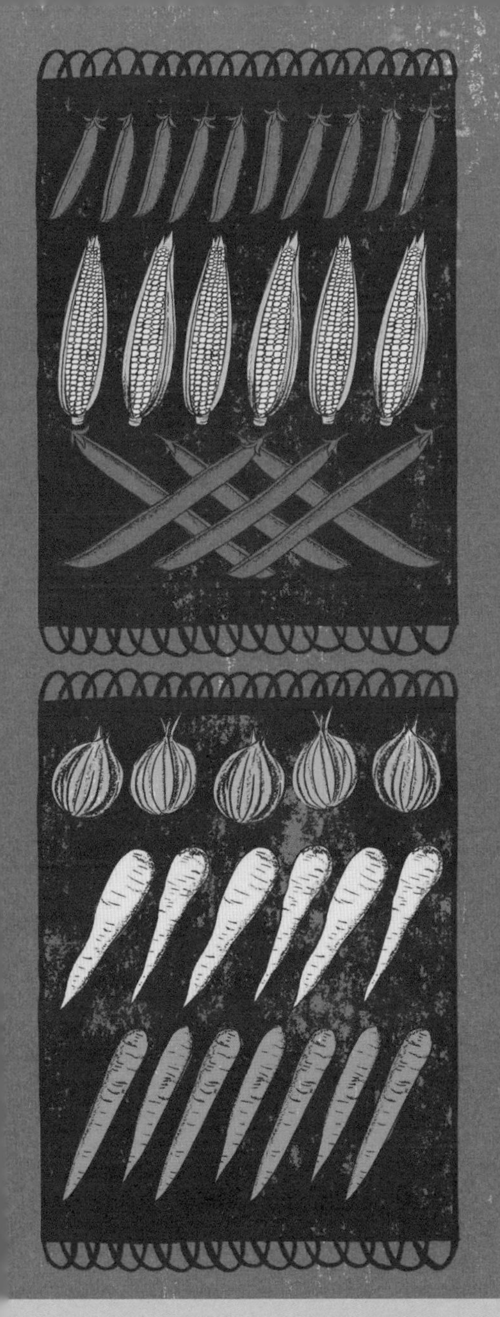
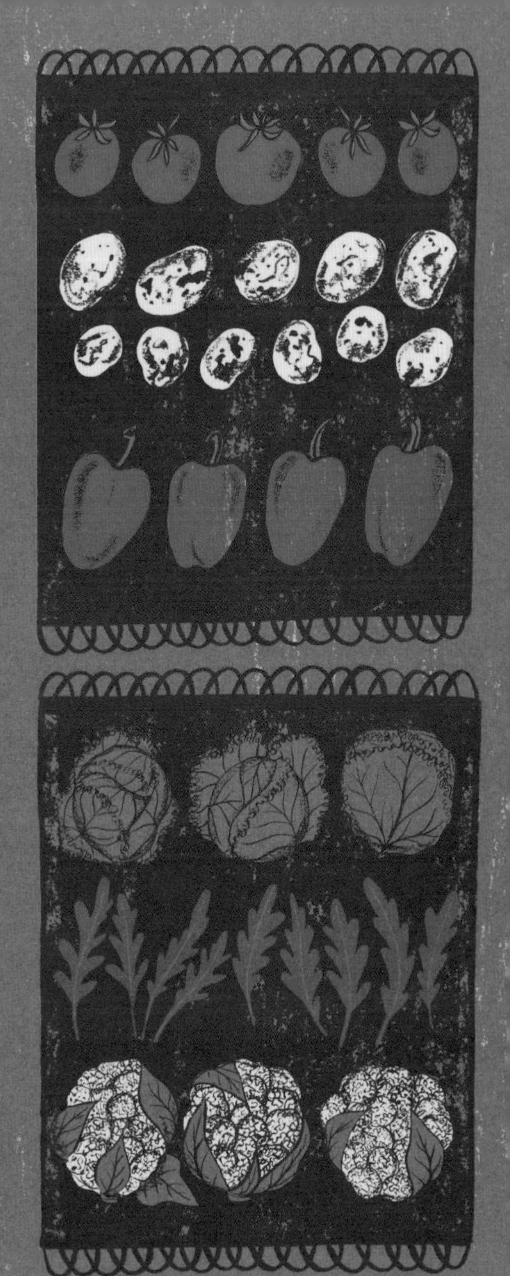
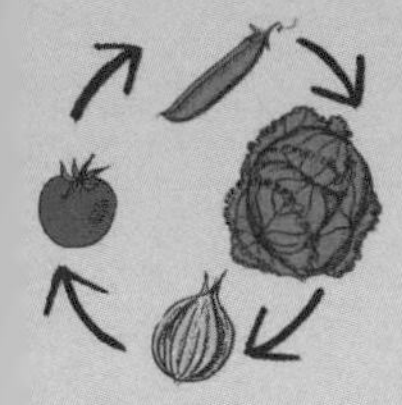

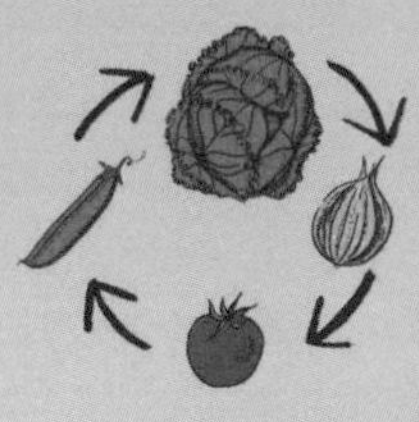

捕获阳光

所有作物的生长都依赖太阳光——植物捕获阳光，利用它把水和二氧化碳转化成糖分。我们作为园丁，目标是让植物尽可能多地捕获阳光，从而生产出更多的食物。阳光应该照在生长的植物上，如果照在裸露的土壤上则是一种浪费。

我们帮助植物生长时，使用的很多物料其实都与阳光有关。如人造氮肥依赖于石油和天然气，而这些能源是由植物经过数千年形成的。动物粪便也是同理，因为动物吃的是需要阳光的植物。我们越多利用当前的阳光，就能越少使用这些外来物料。

有机园艺的核心原则之一是在一年内尽可能长时间地用植物遮蔽土壤。理想图景是全年都有植物来捕获阳光用于生长。然而，并不是总能恰好有可供食用的植物无缝衔接遮蔽土壤，因此我们也可以使用其他植物来补漏，保障土壤持续被遮蔽。为此而种植的非粮食作物通常被称为“绿肥”，有很多方法可以将它们纳入我们的轮作和种植计划中。

照射在植物上的阳光会促使植物生成有机物，能量被储存在植物里。

照射到土壤上的阳光会反射为光或热量被浪费，因此种植覆盖植物可以减少浪费。

绿肥

绿肥作物，又称覆盖作物，其原理是用植物维护和增加土壤的肥力，从而维持土壤健康。裸露的土壤即使是在最好的情况下也会浪费阳光和水分，而在坏的情况下还会导致土壤结构受损和营养元素流失。绿肥作物有助于保留土壤现有的可溶性营养物质，并在土壤中积累碳和氮的含量。

很多不是用于食用的植物都可以作为绿肥作物来种植。甚至一些杂草也可以，已经有许多植物被选育为绿肥作物，用于实现特定的目的，例如，车轴草属植物可以固定氮，禾本植物可以在其纤维根中积累碳，苦苣有深根，可以打破致密的土壤，从较深的土壤层中提取养分等。

短期绿肥作物

短期绿肥作物通常是生长速度非常快的一年生植物，可以于几周内长成，适合在作物的间隙内种植它们，当然它们也可以持续生长更长的时间。它们保护土壤，收集阳光能量，并吸收土壤中的可溶性营养物质，否则这些营养物质可能会经由雨水渗出。

沙铃花属的作物、芥菜和荞麦是短期绿肥作物的绝佳例子。当作物之间的间隙不够宽，无法种植其他蔬菜，但又不能让土壤裸露时可以考虑它们。也可以把它们和早期收获的作物一起种植，如土豆或夏季胡萝卜。还可以在紫色嫩茎花椰菜或韭葱收成后，在夏初种植南瓜或甜菜之前种植它们。短期绿肥作物能迅速发芽生长，但质地柔软，很容易被割断，可在下一轮种植作物前混入土壤，或者移除之后用于堆肥。

长期绿肥作物

长期绿肥作物用于和有较长时间间隔的作物一起种植，或在休耕期间协助土地积蓄肥力，这种长期休耕的“轮作草地”在家庭花园中不太常见，但仍然是一种很好的方式，可以让土壤休养生息并为像土豆和芸薹族蔬菜这样需要在土壤中生长至少6个月、甚至长达几年的高需肥作物做准备。长期绿肥作物需要经常修剪（修枝或平切）以保持其生长活力。我建议使用多种不同的植物，因为有证据表明混合品种的总体生产力优于最具生产力的单一品种。长期绿肥作物通常包括豆科植物，如白车轴草或野豌豆。豆科植物与土壤中的根瘤菌（见“译者附词汇表”）之间的共生关系使它们能够固定（或捕获）空气中的氮并将其转化为植物可利用的物质。这些豆科植物还可以与能生长出大型纤维根的草种混合使用，有利于土壤固碳。你还可以耕种一些苦苣或萝卜，它们具有非常深的根系，有助于从土壤较深处提取营养物质，有助于降低土壤紧实度并增强土壤的排水能力。

间植和套种

间植

植物的生长速度和收获期长短各不相同。我们可以利用这点进行规划。当我们种植像菜花这样大型、生长缓慢的作物时，需要留出足够的空间以容纳其最终大小，但这意味着在它最初生长的一个月，植物之间会有大片被浪费的空地。此时就可以在间隙里种植生长超级快速的作物，如小红萝卜、芝麻菜或莴苣，这意味着我们可以从这块土地上获得额外的收成，不会浪费落在裸露土地上的光和水。

这种技巧在较小的园子中特别有用，因为每一厘米都很宝贵，间植本身可以应用于任何种植系统，而且是减少工作量的一种好方法。你可以从较少的土地获得更多的收获，这意味着节省劳动力并更有效地利用资源。

伴生种植是间植的另一种方法。我们可以利用某种植物的某个特性，如其气味或其吸引虫害天敌的能力，来帮助另一种植物。例如，可以将葱属植物与胡萝卜混种，以掩盖胡萝卜叶子的气味，让胡萝卜茎蝇感到困惑。或者在南瓜中间种植一些开花的植物，以吸引更多的传粉昆虫。

套种

套种是在食用作物的下面种植绿肥作物。这有非常明显的效果，能够抑制杂草生长、保护土壤并给土壤带来健康和益处。你需要保持食用作物和绿肥作物之间的数量平衡，不要让两者中的任意一个占据上风。这种种植的平衡因温度和降雨量而异，甚至每年都不相同。

适合这种方法的作物是芸薹族的大型蔬菜（如抱子甘蓝和羽衣甘蓝）以及西葫芦和南瓜。套种一种矮小的蔓生植物，如天蓝苜蓿或白车轴草。在温暖潮湿的年份，你可能需要修剪底下的绿肥作物，以防它淹没主要作物。如果土壤比较贫瘠并且处于干旱的气候中，那你可以尝试更皮实的车轴草，因为它们不太可能占据上风。这种方法是需要试错的，以便发现适合你土壤和种植系统的最佳方案。

我在大棚中套种番茄和爬豆时取得了成功。你需要像对待食用作物一样对待绿肥作物，保持持续的灌溉，它们会长得比纯户外种植的更高大。

最妙的是，收获主要作物时，你直接拥有了一个现成的土壤覆盖物，可以立即建立肥力，而无需做更多的工作。有些作物如西葫芦甚至可以种植在已有苜蓿的地里，只需要挖出一个直径约60厘米的洞，然后在里面种植即可。食用作物应该比绿肥生长得更快一些，并且具有一定的竞争优势。

产量

刚开始时是很难知道要种多少作物的。我该如何选择可以适应我园子的植物？我需要种多少株西葫芦？我需要多少空间来种植土豆？即使有互联网，也很难找到作物产量和间距的信息，这也是我决定写这本书的原因之一。

如果你没有收获预期的产量，请不要感到气馁，因为很多因素都会影响作物的表现。我在产量预估方面往往会比较保守，在许多情况下，收成可能能够超出预期，但如果没有，也无需自责，至少还有天气等其他因素可以用来背锅。

土壤

你的土壤耕性会影响植物的长势。如芦笋喜欢轻沙质的土壤，而卷心菜喜欢黏重的土壤。当然，你可以在大多数土壤中种植大多数作物，但可能无法获得它们最大的产量。土壤的管理会对产量产生巨大影响。改善土壤健康状况会使植物更健康，生长得更好，产量更高。

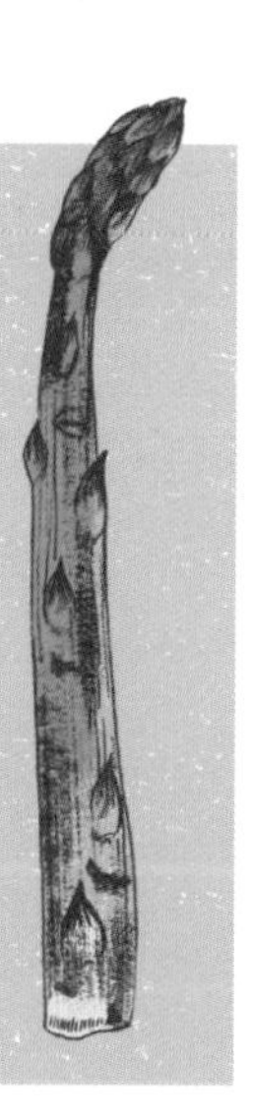

天气

记得之前有一次我对种植洋葱感到非常沮丧，认为自己搞砸了，甚至觉得自己可能不擅长种植蔬菜。没想到在后来夏末的一个种植者交流会上，每个人都在谈论说今年洋葱的种植情况不太好。其实，某一年的天气条件，可能适合某些作物而不适合其他作物。坦然接受好与坏的不确定性，每年都有一些无法顺利得到产量的作物，对此要有心理准备。

随着气候的变化，我们也必须去忽略一些传统的园艺建议。例如，晚霜在英国变得越来越少了，虽然并不是彻底消失，因此在春末种植如南瓜等娇嫩的植物也是可行的了，至少值得去冒险一试，而在15年前我绝对不会去冒这个险。

启用大棚或温室也会极大地影响产量。对于某些作物来说——如寒冷气候下的茄子——这几乎是唯一可以有所收获的种植方式，对于其他作物来说，大棚和温室可以拓宽它们的种植时间，如种植出早熟豆或冬季里的生食菜。源自东方的芸薹族蔬菜往往喜欢凉爽的天气，但它们不能抗风——我就是在初春时有遮盖的情况下才达成这些作物的最佳产量的。

品种

作物品种之间存在显著的产量差异。我们需要权衡作物的许多特性再进行栽培：产量、风味、病虫害抗性、颜色、大小等。例如，我很少仅因为一个品种的产量巨大就选择去种植它，通常我会为了更好的口感而放弃去追求产量。

单次采摘的作物

许多作物只能采摘一次，当所有可采部分成熟后需要一次性全部采收。土豆、洋葱和苹果就是这样的例子。对这类作物来说，种植早期发生的某些事情会对产量产生巨大影响，如水分胁迫或未被及时排查的虫害侵袭。

种植技术

第一次做任何事都容易犯错，而这就是人类学习与进步的方式。丰收与歉收乃“农家”常事。我们往往倾向于把成功归功于土壤和天气，把失败归咎于自己。无论丰收还是歉收，记录种植过程总是学习进步的好方法。如果你知道何时播种和移栽一种作物可促使其丰收，以及那一年的气温和降雨情况，你就更有可能去复制这种成功。

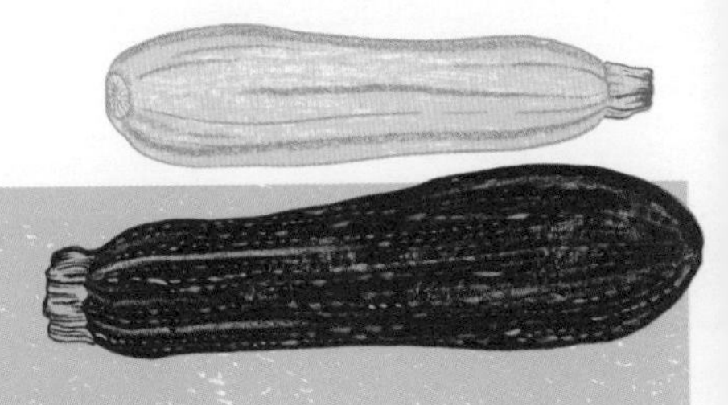

多次收获的作物

许多水果和蔬菜可以在较长的时间内持续产生收成，如豌豆、西葫芦和羽衣甘蓝。对这类作物来说，收割的方式和时间会对总产量产生影响。如果我们将生食菜的采收点割得太低，它们可能会停止产出。我们可以单独收割靠下部的叶子，这有助于抬高植物的产出位置并加强植物下部的通风，从而减少蛞蝓和病害的侵袭。有些豆类如果我们不及时采摘，它们将进入成熟育种的阶段，从而不再产生更多的豆子，换句话说，我们摘得越多，能摘的就更多。

我更喜欢吃嫩小的蔬菜，因此我会较早采摘我的豌豆和豆子。这意味着我得到的总产量会下降。采摘西葫芦时它们的大小也会对总产量产生重大影响。我们要考虑一下，想要的是巨大的西葫芦还是小小的西葫芦？如果我们希望收获带花的小西葫芦，我们得到的总收成就会少一些，这由我们自行选择。

如何选择种什么

限制品种选择的因素之一就是你园子的尺寸。一些作物，如香草和沙拉用的蔬菜，可以挤进最小的空间里，而土豆、菊芋（也称洋姜）或一些果树可能只适合那些拥有更大空间的人。除非你的目标是100%自给自足并拥有无限的空间，否则你必须就种植哪种作物做出决定。本书的主要目的之一是提供必要的信息，以便能够帮助大家做出明智的决策。不管怎样，总结一些基本原则作为参考也是很有必要的。

作物的产量如何？

我第一次种植西葫芦时，被它在短时间内的极强扩张能力给震惊了，然而它的产量却相对较小。而一棵莴苣与西葫芦比起来占地可小太多了，但整棵莴苣都是能吃的，所以莴苣有更高的空间利用效率。整株都能被吃掉的叶菜给出了最大的空间回报率，但是我们不可能只吃叶菜。

垂直种植和水平种植要兼顾

种植攀缘类作物是增加种植面积的好方法。可以引导南瓜、豆类、黄瓜、番茄向上生长从而更加充分地利用阳光。

空间需求量大但收获很少的极端例子

✚ 菊芋 这是一种美丽、易于种植的大型植物，不耐霜，它提供了微薄但美味的回报。建议只有在你有多余的土地时才将其添加到种植清单上。

✚ 芦笋 这种多年生的植物可以长得相当大，但它们不擅长和杂草竞争且收获期比较短暂。

✚ 菜花 很难每次都能种好，往往只是个小花头的时候就长老了，建议种植紫色花椰菜这个品种来代替。

空间需求量小但收获很大的极端例子

✚ 大多数香草 你不需要种很多香草，少量的就足够在很长时间里满足你的需求了。即使在厨房窗台上种植的香草也可以对你的食谱做出立竿见影的贡献。对新手来说大多数香草也相对容易种植。最最重要的是，这些香草往往在外面卖得很贵！自己种植会更划算。

✚ 生食菜 特别是可多次采收的那种生食菜，在盆栽或苗圃里表现良好，它们可以产出新鲜的叶子，如果我们选择了合适的品种并有室内的种植空间，这意味着我们全年都可以有所收获。

调整作物的间距

基本原则

大多数植物都有它们能够生长到的极限尺寸。只有在有足够的光、水和养分的情况下，它们才会达到这个尺寸从而充分展现产能。人们通过育种培育了不同用途的品种，其中，植株的尺寸往往是一个关键的特征。所以，番茄的植株大小范围才会从樱桃番茄到牛排番茄不等。育种技术并不是决定蔬菜植株大小的唯一因素，对于一些作物来说，你可以通过控制株间距来压缩其尺寸。在我的职业种植生涯中，我经常使用密植这种方法为高档餐厅提供特色产品——那里的厨师更喜欢小一点的蔬菜，因为它们可以让餐盘更精致好看。

这种技术对于那些我们吃其果实或种子的植物并不起作用。对于那些植物，密植只意味着更少的株产量（尽管每平方米的总产量可能不受影响）。密植适用于大多数根菜和那些形成头或花的作物，如菜花和卷心菜。需要注意的是，密植产生的株间竞争会使它们更容易感受到胁迫，尤其是在干旱天气中，这种胁迫让它们更容易抽薹（见“词汇表”）而提前进入生殖阶段。

以下是我自己尝试过或在其他地方看到的一些例子。当然除此之外还有很多适合密植的植物。

菜花

这是一种专业种植者才能“玩转”的作物，即使是我，在商业化种植的时候也不是非常成功。我想要种出来的是大菜花头，但却经常收获小小的作物。除非你有一个庞大的家庭需要种地卖菜来养活，否则我不建议你轻易尝试种植菜花这种株型较大的作物。株间距取决于其品种，通常最大间距75厘米。若以约20厘米的间距种植，则可以获得迷你菜花。这种间距要求也适用于卷心菜。

向日葵

这是一种我没有尝试过的作物，但在去英格兰德文郡的火之谷[1]时看到了完美的密植效果。通常高达2米并结大花头的植物在这里仅有1米高，花朵仅有网球大小，更适合普通的花瓶，不过株型大小并不影响种子的大小。

[1] 火之谷（Embercombe）是英格兰西南部的地名，也是一家社会企业，人们在那里耕种、养蜂、生火、木刻，尽情地亲近自然。——译者注

胡萝卜、甜菜和萝卜

对于根菜类蔬菜，建议在播种时种得比推荐的种植密度更密一些（每1厘米一颗种子），并在根部稍微大一点可以食用时就开始采收。当你采收出部分小苗时，其他根能够再稍微长大一些（除非你使用“一代杂交种子”（见“词汇表”），否则每颗种子的生长速度会稍有不同）。最终，你可以把作物采收到正常推荐的间距，让剩下的根长成标准的大小再采收，你也可以一开始就把它们全部采收成小根，之后再种植其他作物。

但不要在萝卜上尝试这种方法——它会快速抽薹，任何来自过度拥挤的胁迫都会导致其根部发育不良。

育种技术并不是决定蔬菜植株大小的唯一因素，对于一些作物来说，你可以通过控制株间距来压缩其尺寸。

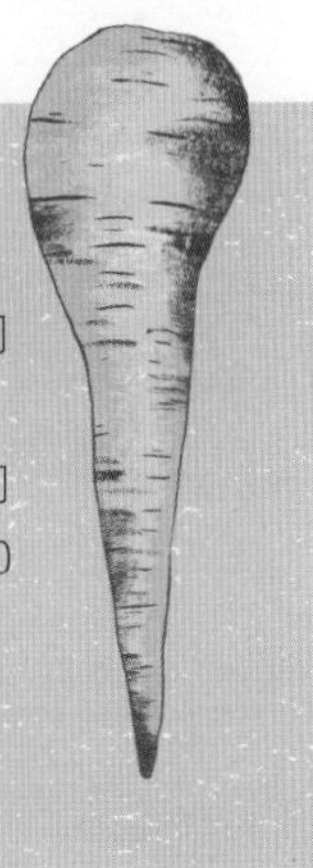

欧洲防风

这些植物需要一次性同时收获，因此不能种得太密，但仍然可以比推荐的密度（间距15厘米）更密一点（5~10厘米）。

韭葱

这是深受厨师们青睐的蔬菜。我曾直接在一行中密植韭葱（这不太常见，因为韭葱种植用移栽才更为普遍），株间距是1厘米。当它们的粗度大约等于我的手指时，我就会收获它们。蒸或焖，味道都很鲜美，上菜时看起来也很漂亮。

第二章
风味

对我而言，种植水果和蔬菜源于对美食的热爱。我讨厌浪费，希望从我的园子中能得到最大的收获而不需费太多力气。但种植的过程只是挑战的其中一环，何时收获以及如何处理富余的收成才是关键。

我们已经习惯了食用植物的某一特定部分。一些有点麻烦或难以被包装的部分自然就成了“废料”。事实上，许多植物都会产出可以食用的花和种子，它们虽然在商业种植上不受待见，但在家庭种植里却是值得享用的美味。

了解保存食物的方法从而尽可能减少浪费。重新认识传统的食品保存方法，并学会采用新技术使其变得更好，这一点对于保存在夏季和秋季短暂收获的大量收成来说是非常重要的。

在炎热干燥的气候中，晾干是非常棒的选择，但如果是在较冷且潮湿的环境下，则需要借助烤箱烤上好几天，烤箱消耗的电能让这一切几乎是不可能实现零浪费的。因此你可以在干燥的夏天使用晒台，或者利用家庭中产生的废热来实现烘干。

大多数水果和蔬菜都可以冷冻保存，而且好的冰箱消耗的能源相对较少。腌制和发酵则更加节能：除了最初的焯水和加盐以及加热水之外，几乎不需要别的能源和资源，大多数作物都可以在可重复使用的玻璃器皿中于室温下储存。

许多根类作物都可以使用我们没有冰箱和冰柜之前就已经使用的零能耗储存技术来越冬。

不要扔掉，储存起来：基础食谱

然而，无论我们如何仔细地去做种植计划，每年都会有某些收成不够吃，某些收成过剩了的情况。这正是与不可预测的自然一起工作的乐趣所在。零浪费的关键点是掌握更多元的食谱去料理那些过剩的收成。

下面是一些非常简单的基本配方，我还罗列了一些备选食材，可以举一反三灵活调整。

番茄酱

用新鲜番茄制作的番茄酱非常美味，可以做浓汤，用来料理各种意面，加入炖菜中或再煮浓一点用于制作披萨。如果没有新鲜番茄，用罐头的也不错。

所需食材

✚ 2汤匙橄榄油。

✚ **葱类** ——1个洋葱 / 1根韭葱 / 1串春葱 / 4个小葱头。

✚ **根菜类** ——1个胡萝卜 / 1个小防风 / 1个甜菜 / 50克南瓜。

✚ **芹菜类** ——1根芹菜 / 50克茴香 / 50克根芹。

✚ **2瓣大蒜**—— 这是必备的，但如果实在没有大蒜，也可以增加一点葱类的食材来替代。

✚ **香草类**——1片月桂叶和1茶匙切碎的鼠尾草/迷迭香/牛至；你几乎可以把任何香草加到番茄酱中，我通常会选择香气更浓烈的。

✚ **750克番茄**——当然，任何品种都可以。我喜欢先快速烤熟它们，以增加一些浓郁的味道，只需把它们排在烤盘上，在高温下烤15分钟左右即可。

制作方法

除了大蒜和番茄，把其他所有的食材都切碎，用中火煸炒，直到软化（10~15分钟）。然后加入大蒜——如果煮过头就会煳掉。最后加入番茄，用中低火慢慢煮，直到混合物的体积减少到了原来的一半。

水果冰沙

制作冰沙是处理水果过剩的好方法，对于不太容易保存的浆果尤其有效。

所需食材

✚ **水果类**——任何浆果，如覆盆子、草莓或醋栗。如果想增加黏稠度，可以加一个香蕉或几勺燕麦。

✚ **奶油类**——如果你想让冰沙奶香味更浓郁，可以按照1：1的比例添加原味酸奶或希腊酸奶，牛奶也可以。

✚ **甜食（可选）**——1茶匙蜂蜜或枫糖浆。

制作方法

制作冰沙并没有什么神奇的技巧。只需将你喜欢的食材放入搅拌机中混合即可。以下是我发现的一些要点。

1）确保有足够的液体。如果太干，就无法混合均匀，也不好喝。你可以加牛奶、水、酸奶或其他你喜欢的液体来调整。一些水果和蔬菜有较高的含水量，所以具体水量也需要视情况而定。

2）你可以使用一些冷冻保存的水果或蔬菜块，但是如果这些东西太多，会影响搅拌的效果。

3）我不喜欢吃太甜的东西，但如果你喜欢，在用酸味水果（如醋栗）制作冰沙时，可以加入蜂蜜或枫糖浆来增加甜味。

香草青酱

虽然经典的意大利青酱是由罗勒和松子制成的，但用其他香草和坚果也是可以的。这个食谱不包含奶酪，但你也可以加入巴马干酪（约50克）或其他的奶酪作为替代品，如老温彻斯特奶酪。青酱可以直接加入意大利面中做成便捷晚餐，加到其他菜肴中也能很好地增加风味。

所需食材

✚ **坚果类**——50克向日葵籽/南瓜籽/胡桃/榛子。

✚ **香草类**——100克罗勒/香菜/芝麻菜/欧芹。

✚ **橄榄油**——150毫升橄榄油或冷榨菜籽油。可以加入少量的核桃油或榛子油来增加坚果味。

✚ **2瓣大蒜**——没有大蒜的意大利青酱不完美，但你也可以用小葱/洋葱/香葱来替代（如果实在没有大蒜的话）。

制作方法

把除坚果外的所有原料都混合在一起打碎成糊。将坚果单独研磨，使其变碎，但别磨成粉。最后把两者混合在一起即可。

蔬菜高汤

你可以制作大量的高汤并分装冷冻备用。制作高汤的好处在于你可以使用那些平时可能不会吃的、有点老的、较难咀嚼的蔬菜。

所需食材

✚ **蔬菜类**——几乎任何从园子里收获的蔬菜都可以制作蔬菜高汤，唯独不建议使用卷心菜。高汤的传统“三宝”是胡萝卜、洋葱和芹菜。洋葱不需要削皮。还可以加入胡萝卜叶、根芹和已经变软但还没有腐烂的其他蔬菜。

✚ **香草类**——迷迭香/月桂/百里香。

制作方法

这个方法也很简单。把所有的蔬菜洗净放进一个大锅里，加入一些香草，加水，小火炖煮几个小时。过滤后即可用于炖菜、烩饭和做汤。

冷冻

要知道冷冻并不能完全阻止食物腐烂，它只是减缓了腐烂。所以冷冻的关键其实是实现更久的保鲜。越快地将农产品从田地送到冷冻库中，保鲜的效果自然就越好。与其他储存方法一样，最优质的食材才应该被冷冻储存，而最糟糕的则应该被立即食用。

我们冷冻食物时，水果和蔬菜中的酶会影响其风味、颜色并造成营养损失。所以对于某些食材来说，去除酶才是冷冻保鲜的关键，我们可以采取以下几个方法来降低酶导致的损失。

对大多数叶菜来说，在冷冻前焯水（见“词汇表”）可以使酶失活，并杀死可能破坏它们的微生物。但煮得太熟的食材又会丧失口感，所以焯水后，要将蔬菜迅速浸入冰水中冷却。虽然在冷冻前焯水并不是必需的步骤，但这能有效延长食材的保存时间。对于像羽衣甘蓝和菠菜这样的叶菜来说，翻炒也可以有效地使酶失活，解冻加热后能呈现出更好的口感。

冷冻时要尽可能排出空气，防止食材表面被氧化。实际操作中，满装的小塑料盒比半满的大塑料盒更好（而且能更有效地利用冰箱的空间）。所以请尽可能地将空气从冷冻袋中挤出来吧。

“冻得越快，豆就越甜。”我们冷冻水果和蔬菜时，实际上是在冷冻其植物细胞内的水分。耗时较长的缓慢冷冻会让这部分水形成较少但较大的冰晶，这些较大的冰晶更容易刺破植物的细胞壁，从而降低食材的品质。而速冻则会形成许多微小的冰晶，这些冰晶不太可能破坏细胞壁。这就是我们应该在冷冻前尽可能让食材冷却，且分装冷冻的原因。家用冰箱本来就不太擅长速冻，如果将未充分冷却的（甚至还是温热的）食材直接放进冷冻室，还有可能使冰箱过载，进一步放慢冷冻速度从而进一步降低食材的品质。

把浆果一个个分开放在托盘上冷冻，这样每个浆果都可以迅速被冻住，同时也防止浆果冻结在一起，方便分开使用。也可以把水果煮成果酱后再分装冷冻。对于会用于熬汤或炖菜的食材，在冷冻之前先进行烹饪是一种有效的保鲜方法。例如，你可以制作大量番茄酱，冷却后再分装冷冻。

冷冻香草也有小妙招，将一些香草放入制冰盒中，用橄榄油或融化的黄油覆盖后冻成块状，然后放入袋子或合适的容器中保存。它们非常适合添加到意大利面酱汁或咸味薄煎饼中食用。

将食物分装到小容器或小袋子中，使用时会更方便。每份的大小可以根据用餐人数和你的食量灵活调整。

烘干

不同于冷冻可以保留食物中的水分，烘干则旨在去除这些水分。这能够有效降低酶的活性，从而延长食物的保质期。此外，烘干还能防止霉菌和细菌破坏我们的食材。烘干往往会让大部分食材的风味更加浓郁。

关键在于使用较低的温度、充分通风的方式进行缓慢烘干。如果温度过高，食物表面会先变硬，但内部仍是湿软的，导致水分被锁在内部。烘干速度太快也不行，大部分食材至少需要在烘干器中进行6小时以上的处理，在烤箱中则需要更长的时间。

最好的零浪费烘干方式是自然晾晒——使用废旧材料自制晒台。你只需要一些木材和一个旧窗户或透明塑料板就可以了。当然这种方法只能在阳光充足的时候使用。在夜间温度较低的时候是不行的，因为低温往往会导致潮气返回食材中。自然晾晒需要4天以上的时间，具体取决于空气温度和湿度的情况。

如果你没有晾晒的空间，使用烘干器则是你最佳的选择，它们的能耗要比烤箱少得多。但是，如果你只需要烘干少量食材，那么烘干器的能耗反而会超过节省下来的电费。

如果有适合的干燥又温暖的场所，风干也是一个好办法。如柿子椒之类的农作物，只需将其挂成束，用纸袋包裹即可。如果有足够的空间，你甚至可以把一些东西挂在冰箱或冰柜的背面，利用冰箱制冷产生的热量来烘干食材。

晒干可以显著提高蘑菇中的维生素D含量，可以贮藏一些，以便你在冬季缺乏阳光时补充维生素D。

准备烘干食品

为了快速有效地烘干食品，你需要将水果或蔬菜切成薄片，厚度最好不超过0.5厘米。与冷冻一样，先焯水可以使酶失活并提高烘干后的保存效果。烘干时将薄片均匀地摆放开，不要让它们互相接触。

在保存之前，让被烘干的食材完全冷却，防止水汽返潮破坏它。但也别让冷却时间过长，不然反而会从空气中吸收更多的水分。通常45分钟左右就可以了，具体时间取决于食材切块的大小。

成功烘干的食材可以保存很长时间。你可以把它们存放在密封的容器中：玻璃罐就非常适合，或者使用塑料容器。把它们放置在凉爽、避光的地方更能保持食材的色泽和风味。

充分利用整株植物

最简单的减少浪费的方法是尽量把整株植物全都吃掉。虽说我们把不爱吃的部分扔进堆肥桶堆肥也不算是一种浪费，但如果可以的话，吃掉它们始终是更直接的零浪费选择。许多植物都有一些可食用的部分通常不会被吃掉，要么是因为它们不像我们通常食用的那些部分那样美味，要么是因为很多朋友不知道它们其实也是可以食用的。

以下是一些可能不为人知的可食用部分。其实，大多数被丢弃的材料都可以放入汤锅中，除了芸薹族蔬菜的叶子，因为它们会使汤的味道变得有点像“腐烂的卷心菜味”。

十字花科蔬菜

虽然我们通常只吃菜花（也称花椰菜）和西蓝花的花头，或者是球茎甘蓝的膨大茎，实际上它们的叶子、花朵、种荚（如果它们还没有变得太硬）甚至是已经发芽的种子都是可以食用的。几乎所有十字花科蔬菜的绝大部分都是可食用的。

还有一个扩大产能的办法：在采收十字花科蔬菜的主要收成后，将根茎留在地里继续生长，可以让我们继续收获一些小一点的芽以供食用。

根部与顶部

虽然我们通常只吃甜菜和胡萝卜的根，但这两种植物的叶子也是完全可食用的。甜菜叶可以像菠菜叶一样料理，胡萝卜叶也可以加到汤和炖菜中提鲜，甚至在沙拉中加入少量的嫩胡萝卜叶也特别美味。

一些叶子生吃会感觉有点粗糙，如萝卜叶或小红萝卜叶，可以放到炒菜中或用一点黄油煎炒。

种子

我们常吃的许多蔬菜的种子都是可食用的——尽管我们并不是为了食用这些种子而栽培它们。例如，南瓜种子可以烤着吃，辣椒籽可以加入香草茶中增添辣味。如果你的园子空间相对宽松，你可以留着不再采收的植物在地里开花打籽：茴香、胡萝卜和向日葵都能产出值得品尝的种子。

有用的果蔬的皮

大多数时候我喜欢保留果蔬的皮，除非它真的又老又硬难以下咽。但即使你不喜欢吃皮，除了直接把它们扔进堆肥桶外，还可以尝试下面这些用途。

✚ 洋葱、胡萝卜和欧洲防风的外皮可以用来炖汤，让汤汁的味道层次更加丰富。

✚ 在储存季节的末期，剩余的马铃薯可以用皮来再次种植成新的植株。我在这样做时通常会削去比平常更厚的一层皮，以确保每个马铃薯皮都有足够的能量发芽。

腌制和发酵

什么是腌制？

制作腌菜的原理是用醋里的酸和盐杀死能分解食材的微生物，再辅以其他配料调配口味。不同蔬菜的处理方法不同，但以下这些基本的原则可以确保你的腌菜既安全又美味。

✚ 确认醋的浓度：醋的浓度必须大于5%。你也可以使用专门的腌菜醋，不要用沙拉醋，因为大多数沙拉醋都是被稀释过的。白醋是最标准的选择，部分苹果醋的浓度也是达标的。

✚ 遵照食谱腌制。食材和酱汁（腌菜的液体）的比例是成功制备的关键。要保证醋、盐和水充分混合，需要加糖的话也要充分混合之后，再倒在食材上。

✚ 虽说不一定非要把盐水煮沸，但我们最好先把食材软化一下再腌制。你也可以把食材和香料一起煮沸，这样会使腌菜的味道更加浓郁。

✚ 不要期望糟糕的食材能制作出美味的腌菜。一定要尽可能地使用最新鲜的食材。去除所有腐烂和发霉的部分，将食材清洗干净。

✚ 你可以根据自己的口味和食材的种类决定是否需要在腌制前先烹饪一下食材。根菜类食材最好先烹饪一下，而豆类和西葫芦则可能会因烹饪变得软烂而影响腌菜的口感，因此处理这些食材时最好是生腌。

✚ 想让腌菜在不放在冰箱里的情况下保存更长的时间，你需要把放腌菜的罐子先加热，然后再封存，这样等罐子里的内容物冷却后，气压变小，会达成更好的密封性。

✚ 腌制需要一定的时间使口味成熟。你可以在腌制一周后尝尝味道，再根据需要增添其他香料。

什么是发酵？

发酵同样也依赖酸来保存食物，但与腌制不同，我们并不是靠加醋来实现酸环境的，而是利用有益细菌“乳酸菌”来完成生产酸的过程。这种细菌广泛分布在我们身体各处，以及蔬菜的表面。乳酸菌会在隔绝空气的环境下，将食材中的糖分分解转化为乳酸，我们就是利用这一特性来让食材发酵的。这是一个非常活跃的过程，发酵对食材原有的味道影响很大。

最著名的发酵食品可能就是酸菜和泡菜了，实际上任何蔬果都可以进行发酵处理，而且这也比较容易在家里操作。

先用盐水浸泡蔬果，杀死不必要的细菌。而乳酸菌有一定的耐盐性，因此能够存活下来并在之后发挥作用。确保食材隔绝空气是至关重要的发酵条件。如果发酵的食材比盐水重，食材会沉到盐水下方，盐水自然就能隔绝空气，发酵的过程就会很简单。但有些蔬菜比盐水轻，例如，切碎的卷心菜就会浮在盐水表面，我们需要想办法让它沉到盐水下面，可在食材上压一个重物。

因为乳酸菌会分解食材中的糖，这个过程会释放出二氧化碳，所以罐子必须经常打开以释放其中的气压。虽说温度会影响这个反应的速度，但一般的室内温度都是比较适合的。

DAUCUS CAROTA
SATIVUS
Beta Vulgaris.
RAPHANUS

冬储

在迅捷的全球贸易使我们随时都能吃上空运、海运来的农产品之前，人类的生存很大程度上受限于能否在冬季储存新鲜的食物。虽然现在这不再是生死攸关的问题了，但为了零浪费地利用你自己种植的作物，仍然需要了解怎样通过冬储来充分利用秋季收获的美味。

我的荷兰朋友弗雷德曾对我说过一句经典的话：“你的冷库并不是植物的医院。”是的，农产品并不会在冷库里被治愈，因此只有最优质的水果和蔬菜才值得被冷藏储存。

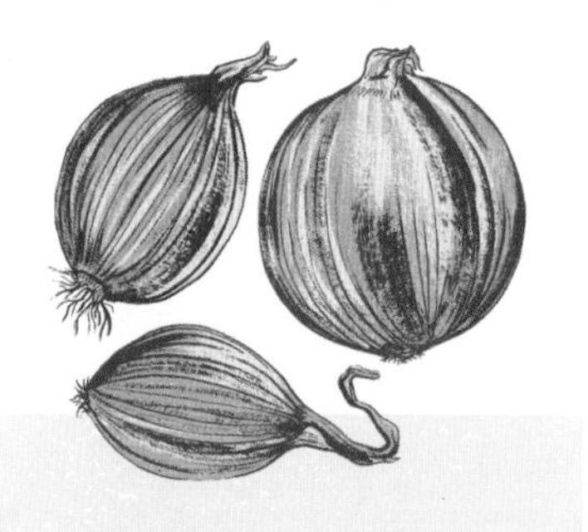

洋葱

保存洋葱需要保持空气干燥和凉爽。最好的存储方法是将它们放在网袋中，挂在一个凉爽的棚子里。均匀的低温和流动的空气可以防止真菌病害的侵袭。

水果

一旦采摘，水果就已经死亡并开始衰变（随着时间的增长而恶化）。我们无法避免这种衰变，只能减缓它。

拿苹果来说，影响衰变的主要因素是温度、湿度和氧气与二氧化碳的比例。催熟（或分解）苹果的微生物需要呼吸和繁殖，通过降低温度和氧气水平来减缓这些生物体的作用，可以延长苹果的保存时间。

大多数人没有专业的冷藏设施，但找到一个凉爽的地方来存放它们还是比较容易实现的。我们常见的用纸包装苹果，就是为了减少紧贴果实表面的氧气，而且如果一个苹果坏掉了，上面的病菌也不会轻易散播到整个储存区。我自己的方法则是将苹果放在一个大密封盆中，再放到一个凉棚里，这让我经常到晚冬还有鲜美的水果可以吃。

不同品种的果实存在很大差异——一般来说，越晚收获的品种越容易冬储。有些品种反而是需要经过冬储才能更美味的。对于大多数品种来说，1~3℃的储存温度是最适宜的。

通过降低温度和氧气水平来减缓这些生物体的作用，可以延长苹果的保存时间。

南瓜

虽然大多数作物需要低温冬储，但冬天南瓜喜欢稍微温暖一些的储存环境——理想温度为10~13℃。它也喜欢干燥的环境。例如，你家里很少使用的房间或者厨房里一个凉爽的壁橱都可以贮藏南瓜。在果实接触架子的地方放置木板或纸板，可以防止水汽凝结引发腐烂。

贮藏堆[1]

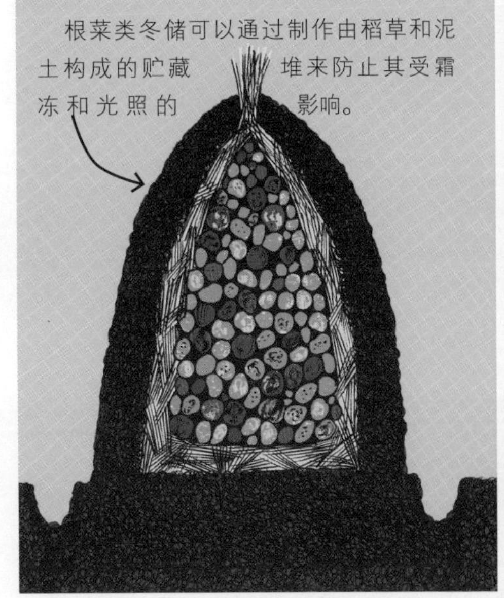

根菜类冬储可以通过制作由稻草和泥土构成的贮藏堆来防止其受霜冻和光照的影响。

块根

与水果不同，大多数块根在采收后也能保持活性并天然地渴望继续生长。它们是植物在冬季的贮藏器官，负责为下一个春季的再次萌发和生长储存能量。许多块根作物都是二年生的，这意味着它们可以越冬生长，第一年在根部积累能量，第二年再利用这些能量孕育种子。

我们需要让根部保持休眠，同时仍然要保持活性。我们需要欺骗根部，让它认为自己处于寒冬之中的地下。商业种植者会使用专业冷库轻松搞定这一点，我们没有专业设备，但仍然可以在家里创建所谓的“贮藏堆”来达到目的。“贮藏堆”是一个盒子或一个材料堆，通常使用沙子或堆肥，我们把需要贮藏的块根埋在里面，也可以紧密地包裹蔬菜后再用稻草覆盖贮藏堆以隔热，保持堆积物的凉爽。有时还会再在上面覆盖一层土。

你需要让贮藏堆保持干燥，所以在作物密集的地方，需要将它抬高一点。

温度等环境因素的变化会加速作物的衰变。朝北的地方更理想一些，因为可以防止冬日直射的阳光让贮藏堆在白天剧烈升温。条件允许的话，还可以给贮藏堆加一些保温材料：在贮藏堆内部敷设稻草，或把贮藏堆置于园子里的小屋中，甚至可以在农产品周围包上几层气泡膜，以此来减小昼夜温差带来的温度变化。

[1] 也被称为储藏堆、土窖等。——译者注

第三章
浪费

我们拥有怎样的未来，取决于我们能否维持地球的生态平衡。尽管在全球尺度下讨论这个问题可能会令人沮丧，但至少我们每个人都可以为此做出自己的贡献。有机系统旨在实现整体性和自我维持性。我们通过购买肥料、种子、盆、植物、农产品和园艺工具，实现自己种植部分作物自给自足，这确实可以节省资源，但在许多情况下，寻找这些物资的替代品更能节省能源和成本。

在本章中，我们将探讨如何获得免费的肥料以及如何减少塑料的使用。许多园艺产品要么是由塑料制成的，要么是包装在塑料中的，我们越限制对这些物料的需求，我们的花园中使用的塑料就越少。

气候变化意味着更少的降雨频率，但更大的单次降雨量。尽力多收集雨水，让我们的植物可以在没有自然降雨时也有免费的水源补充，这是零浪费理念中至关重要的一部分。

收集雨水是其中一环，保持土壤健康和了解如何有效地灌溉也同样重要。根据环境条件选择喜湿或耐旱的植物也是非常重要的。

我们还将探讨如何在花园中更高效地劳作，包括不用翻土的耕种方法、趁手工具的使用技巧以及如何精细化利用老去的植物。

种植

大多数蔬菜是用种子种植的，而水果通常是以营养繁殖的方式培育的，即利用植物的某一部分形成新的根系从而生成新的植株。新手园艺爱好者通常会购买种子和小苗，但随着信心和经验的增加，尝试自己打籽、扦插甚至嫁接，也是种植过程中的一种乐趣。这些技术并不复杂，能参与到植物生命周期的整个过程，是令人非常有成就感的事。

从种子到植株

你可以在园地中直接播种，也可以在盆或托盘[㊀]中播种，等种子发芽后再移栽。一些作物，如胡萝卜和萝卜，不太适宜此方法，但大多数蔬菜还是很适宜的。毕竟这种方法可以给予幼苗更多的保护，帮助它们顺利长到足以抵抗虫害（尤其是蛞蝓）的大小。并不是所有的种子都会发芽。直接播种时，你需要播种比植株数量更多的种子，然后通过“间苗”把植物调整到最终需要的间距。移栽意味着你种植的每一颗都是茁壮的幼苗，相当于节约了种子的投入。

穴盘

穴盘是一种常见又好用的育苗工具，适用于后期移栽。育苗时在每个单元格内种植一颗种子（或两颗种子，然后丢弃较弱的幼苗）；不同的作物对应有不同大小的穴盘。它们能减少混合营养土的使用，设计得也很巧妙，能够使用很多年。这些单元格很小，在炎热的天气下需要经常补水。

育苗块

育苗块与穴盘的原理相同，但它是把混合营养土制成块来用于种植的，这种育苗块可以使用块状育苗器制成。许多商业种植者使用这种方法，因为相对于穴盘来说，育苗块中的小苗更不容易受到“移栽休克”的影响。

裸根移栽

有一种零浪费的种植方法是在土壤中密植种子。它们在早期需要一些额外的保护措施，如果没有温室或大棚，使用玻璃罩也是可以的。一旦幼苗有了至少两片真叶，就可以小心地把它们拔起并移栽到最终的位置上。大多数十字花科蔬菜和韭葱都适用于这种方法，我认为这比使用穴盘育苗的表现更好一些，因为在地里种植的植物能够在移栽之前长得更大更健壮，这使它们在移栽后能更好地抵御虫害。

控温和制作育苗箱

不同的种子萌发对环境的需求也不同，其中主要因素是温度。你可以将育苗托盘放在室内窗台上催芽，但育苗箱能提供更稳定的温度环境。对于大多数蔬菜来说，制作一个育苗箱是最有效的催芽方法：这是一个带有加热装置的保温箱，你可以将育苗托盘放入其中。它将用最小的能量为植物提供恒温且湿润的环境。

有些蔬菜种子在发芽时还需要有光照。

㊀ 也称育苗托盘，下文提到的穴盘也属于一种育苗托盘。——译者注

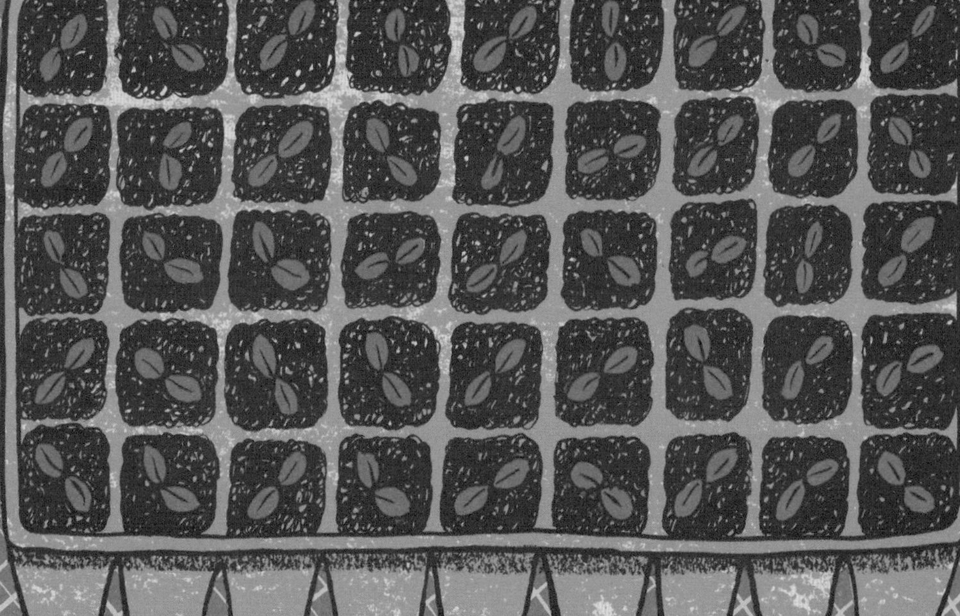

利用植株培育植株

打籽

这是一种减少浪费、减少种子包装和运费的好方法。随着你种植技术的提高，你可以获得更健康、更具生产力、更适应你自己园地环境的种子。先从易于获得种子的植物开始，如番茄、豌豆或者其他豆类。它们是自花传粉的，所以产生的种子的基因与你种植的植株是相同的。选择最茁壮、最具生产力的植株去打籽即可。

分根

多年生植物如杂交大黄或菊芋需要每隔几年就进行一次分根才能维持其生产力。简单来说，分根就是将根系拆分成几个较小的部分，并重新种植。对于根系较大的植物，如杂交大黄，你可以使用铁锹进行分根，它们非常坚韧，所以无须担心在将块根砍成碎块时会过于粗暴。对于像菊芋这样根系更分散的植物，选择一些品相良好的块根重新种植在新的地方即可。

扦插

许多植物都可以通过茎或枝条的切段进行生根繁殖，这就是扦插。黑加仑和醋栗可以通过硬枝扦插繁殖，在冬季剪下茎的一节并插入土中即可。木质香草如迷迭香和百里香，则要从半木质枝条处扦插，使用的是生长末期较柔软的部分。查阅扦插繁殖相关的书籍可以获取关于特定植物扦插繁殖的详细信息。

压条与分株

草莓、覆盆子和黑莓等植物会通过在枝条上长出新根来形成新的植株。你可以把这些枝条压到土中培育，来获得一颗新的植株。

- 草莓会长出“ 纤匐茎”，可以在地里或盆里生根。
- 覆盆子能长出“根蘖”，可以在休眠期将其挖出并移栽。
- 黑莓能从其长势旺盛的嫩枝节点上生根，压入土中生根后，可以把它们从母株上剪下作为新的植株栽种。

嫁接

虽然嫁接操作有点复杂，但很有趣。先取一个你想要种植的水果，如苹果的插条。然后将其与一个砧木接合，通常根据大小和抗病能力来选择砧木。将插条和砧木拼接在一起，最终它们将融合成一个新的植株。

零浪费肥力

传统的园艺书籍（甚至一些近期流行的说法）会告诉你每次种植时都要向土壤添加专用的颗粒状肥料。实际上在大多数情况下，这不仅是不必要的，还可能对土壤产生危害。

植物需要的肥力主要来自三个方面：太阳、空气和土壤。植物利用阳光从空气中获取氮和碳，制造碳水化合物，其他所有营养物质都来自土壤。

自然土壤几乎拥有滋养植物所需的所有矿物质。你只需要保证土壤在生物学上是安全可靠的，让植物可以在上面生长即可。关键要素是增加土壤中有机物的含量，原理既非常复杂，又十分简单。从科学上讲，土壤中的植物、真菌和动物之间有无数的相互作用，通过合理的操作，就能提高土壤中的碳含量。你可以通过遵循以下三个基本原则来实现。

1.尽可能少干扰土壤：我们必须有点耕作，否则无法种植作物。但是，你的原则应该是用最少量的耕作来种植你的作物。

2.添加有机物：堆肥、粪肥、木屑等都可以是土壤肥力的贡献者。不同材料具有不同的特性，但从肥力的角度来看，它们大致具有相似的功能，即为土壤中的微生物提供食物，以此维持或增加土壤中的有机物。

3.不要让土壤裸露：裸露的土壤无法很好地增加肥力，这还只是最好的情况，最坏的情况是，它可能还会导致土壤营养和碳元素的流失，因为裸露的土壤更易让土壤生态系统遭受破坏。可以用间植、套种和覆盖绿肥作物等方法避免让土壤裸露。

在零浪费的花园中，一切都是资源。所有的植物废料都可以用于堆肥后归返回土壤中，就像在自然系统中一样落叶归根。如果你自己产生的废料不多，还可以从其他地方找有机物来补充自己的堆肥。

废木料可能最有潜力增强土壤肥力。许多园丁为了处理他们的废树枝甚至愿意支付费用，如果你有地方可以倾倒，他们会很高兴地把这些废木料免费送给你。注意不要将木屑挖埋进土里，而是将其铺在土壤表面作为覆盖物，或者如果园子里有地方，把它们堆起来堆肥数月也是可以的。你可以用更长的时间来制作自己的繁殖堆肥。实验表明，它的肥力表现与优秀的泥炭基堆肥一样好。

如果你的土壤需要应急的外部营养补充，例如，要满足番茄这样大胃口作物对营养的需求，或者当你面对非常贫瘠的土壤时，你可以使用有机液肥来让土壤快速补充养分。市面上能买到非常棒的有机液肥，但为了实现零浪费，你最好自己制作。经典的有机液肥制作配方是荨麻（能提供叶子生长所需的高氮元素含量）和紫草（能提供大量的钾，对于一系列植物细胞功能至关重要）。将它们浸泡在水中一段时间以释放营养物质，给需要补充养分的植物灌溉即可 。

减少能源消耗

减少机器的使用

为了方便和省力气，我们大多数人都依赖使用燃料动力的园艺工具。割草机和修剪机让工作更快捷、更轻松。真正的零浪费花园爱好者会尽力规避除了手工劳动以外的一切操作，我自己也还在努力接近这个目标。以下是我总结的能减少花园能源消耗的方法。

1）减少割草的频率，让草长高，偶尔修剪即可。这样可以减少工具的燃料消耗，有助于野生动植物的生存，它们可以帮助促进土壤健康。更高的草意味着更大的根系，从而在土壤中能储存更多的碳。对于小面积的草坪来说，可以尝试掌握镰刀的使用方法来手动割短。

2）生产一台机器需要消耗大量的能源，而有些机器可能大部分时间里都不会被使用。共享或租借工具就可以减少生产工具所消耗的能源。

3）改变你的观念，把园艺劳动当作一种健身运动。例如，不要只是把幼嫩的树枝堆在一起等待堆肥形成，你还可以剁碎或敲碎它们以促进它们腐烂。

4）几乎所有的个人花园里，旋耕机都是不必要的，它会对土壤造成破坏——再次强调，不要使用旋耕机。为了做好种植前土地的准备工作，最好用纸板和木屑覆盖地面，等待自然为你做好一切准备。

5）植物可以在几乎任何能够容纳堆肥的容器中生长，从用完的卫生纸卷芯到酸奶盒，你还可以重复使用植物制成的容器。另外，制造、装袋和运输堆肥也需要消耗大量能源，如果你有空地，可以轻松自制堆肥来减少这部分的能源消耗。

减少人力的消耗

正如规模化商业种植者所熟知的，当你拥有更大规模时，一个小小的效率提升都可以产生巨大的影响。同样，对于家庭花园爱好者来说，效率的提升可以让我们节省下许多时间和精力，我们可以用这些时间和精力完成另一项工作。以下是一些能提升效率的实用建议。

1）移动堆肥而不是移动肥堆。堆肥通常堆放在园子的一个角落，因此它必须被搬运到蔬菜生长的地方才能发挥作用。如果你能提前将堆肥堆放在你计划下一年要使用它们的地方，你就无须再搬运它们了。而且即便是散落在四周，那也是撒在你用来种植的苗床上，一点也不会浪费。

2）不要把小树枝或花秆拿去堆肥，把它们铺在刚刚种下的豌豆、豆类或南瓜上会更好，这样可以保护种子免受鸟类和猫科动物的侵害，且不会阻碍种子发芽从缝隙中穿出来继续生长。可以把比较大的叶子铺在种植作物的周围，它们能有效控制杂草的生长。

3）为了获得免费的作物，可以留一些作物打籽。一些作物如甜菜、十字花科蔬菜、穿叶春美草和羊莴苣等，结籽后会自动散播在四周，相当于自行播种了。我们可以把新长出的小苗当作速生的沙拉苗菜来使用。

4）最后，保养你的工具让它们处于良好的状态，准备一套备用工具来节省往返取工具的时间；多花点时间和精力去设计满足你需求的同时又能符合场地条件的园子——这将有助于长期的发展；不要过度翻耕，因为这会损害土壤健康并把碳释放到大气中。

零浪费花园指导：工具

工欲善其事必先利其器，实现零浪费花园也是如此。维护园子时真正需要的工具比你想象的还要少。市场上虽说有成千上万种精美的工具供你选购，但制造它们都需要消耗能源和资源，更何况很有可能它们最终的归宿就是闲置在你的工具棚里，或没用几次就坏了。

什么工具才是必要的？

当然，这取决于你园子的大小。对于使用无耕系统的园子，你可能只需要一个叉、一个耙、一个铲、一把小折刀和一把枝剪。对于大园子来说，你可能还需要一辆独轮手推车，一个锄头（以加快除草速度），也许还需要一个尖铲来种植大型植物和一个平铲来搬运堆肥。

除此之外，其他工具都是非必要的，或是为了满足个人习惯的。例如，锄头有很多不同的种类，有些是专门为特定作物设计的，如半月形的洋葱锄头，可以锄到洋葱球的下面而尽量不伤害洋葱。其他的则是宽度不同以适应狭窄或宽阔的行距，或者是在某个地区发展演化而来的，如我自己最喜欢的一个：马恩锄（见“译者附词汇表”）。拥有一系列不同的锄头当然可以节省时间和精力，但有一把趁手的一样也能让你管理好园子。

获取廉价工具的途径

最近我看到有人在回收中心扔掉了一整套几乎没用过的园艺工具，这让我感到惊讶，我机智地把它们捡了回来并放进后备厢。由此也能看出这些园艺工具是如此廉价以至于扔掉它们也不觉得可惜。在二手市场（线上或者线下）和跳蚤市场上能淘到廉价的工具。一些手工工具往往越旧越好，因为它们往往更结实，使用寿命更长，比大多数现代工具更好用。

买质量好的而不是便宜的

预算有限时，大家往往更愿意买廉价的工具，但要知道廉价的工具其实更容易让预算打水漂，因为它们几乎无疑很快就会坏掉。拿枝剪来说吧，我自己的枝剪已经用了20年了，虽然它们购买时价格高达40英镑，但平均下来每年的使用成本仅为2英镑。便宜的枝剪虽然只需要10英镑，但只能用一两年而且很容易变钝。

保持工具锋利

钝了的工具会给自身带来损耗。想想你上一次给枝剪磨刃是什么时候？让工具保持锋利能有效减少工作量，锄头、铲子都是如此。磨刀石在跳蚤市场很容易买到，旧的钢片是磨剪刀的好工具。

“新的把手”而非“新的工具”

在扔掉断柄的工具之前，看看是否可以更换手柄。老式的带有木柄的工具通常可以更换新柄，而不必扔掉整个工具。

何时播种/移栽/收获/储存

掌握了基本的园艺知识，下一个挑战就是实际操作：按需播种、保障丰收，并尽可能长时间地保存这些收获。

株间距

这不是一门精密的科学，但仍然很重要。我们中的大多数人所拥有的空间都是有限的，虽然都希望尽可能多地种植作物，但是如果你把作物种得太密，它们就难以正常生长，缺乏空气流通还容易引发植物病害。而且植物可能会因为争夺光照和水分而形成胁迫，这可能导致它们提前抽薹。株间距太大也不行，那样你的蔬菜可能会被杂草淹没。

你也可以通过调整株间距来获得你想要的收成：例如，你可以把菜花种得紧凑一些，以获得更小的花头。小红萝卜和甜菜也可以这样密植，然后在第一次收获时进行间苗，尚未发育的植物会自行填补土地的空缺。

单次收成的作物

有些作物是一年生：如许多根菜类、南瓜和土豆。为了拥有更长的采收期，你可以种植不同成熟速度的品种，也可以在不同的时间播种，从而在连续几个月内都有成熟的作物可以采收。对如莴苣一样生长非常快的作物来说也是同理。此外，还要考虑作物保存的条件，如更容易保存的洋葱就可以多种植一些。

多次收成的作物

多种豆类、番茄和黄瓜等作物，如果你能保持它们的健康和生产能力，它们将不断提供收成。然而，植物存活的时间越长，它患病和被害虫侵害的可能性就越大。一些结果实的作物，你还需要不断采摘，否则作物会进入孕育种子的阶段并停止开花结果。大多数作物都需要充足的灌溉和额外的营养（特别是养在容器中的）来保持它们的生产能力。

何时播种和移栽

播种和移栽的时机取决于土壤和空气的温度，除此之外很多植物也受“光周期”影响，这意味着它们需要一定的光照时长才能生长，要么是长日照，要么是短日照。如果在错误的时间进行种植，即使温度适宜，也不会有好的收成。

种子萌发，温度至关重要。被归类为耐寒的植物（它们可以在零度以下存活），其种子在低温下反而不能很好地发芽。十字花科植物的种子可能是最耐寒的，能够在4℃以下的温度萌发。其他植物，如辣椒和番茄的种子需要较高温度（18~25℃）才能顺利萌发和生长。

零浪费灌溉

收集雨水

雨水是免费的，对植物来说，雨水比处理过的水更好，所以要尽可能多地收集雨水。下大雨时，收集雨水并阻止其流入下水道和河流，还能减少其他地方形成洪流的可能性。

从有排水管道的建筑物上收集雨水很容易：只需将水引入水桶和盆中即可。任何容器都可以拿来收集雨水——旧垃圾桶、浴缸甚至在地面上挖一个坑来收集都可以。如果你使用泵动灌溉系统，请尽量保持水池被覆盖住以保持其清洁，防止水泵的过滤器被堵塞。

中型储运箱（IBCs）非常适合贮存水，因为它们是方形的且非常坚固，不容易翻倒，底部的水龙头让取水更方便。

保持土壤湿润

节约水的最好方法是尽可能让土壤保持湿润。增加土壤有机物含量可以加强土壤的保水能力，湿润的土壤需要更长的时间才会变干。在贫瘠和沙质的土壤中，可以尝试添加生物炭（见“词汇表”）来帮助土壤保持湿润。

覆盖是另一个保持土壤湿润的好方法。任何能给土壤遮阴和减少蒸发的东西都是有效的。虽然塑料覆盖物可以非常有效地保持水分，但零浪费应该尽量不使用塑料制品，可以试试用一些有机材料，如堆肥、木屑甚至是羊毛。

对植物最好的方式

浇水的一个好方法是，多量少次。如果每天只浇少量的水，可能只会让土壤表面几厘米的地方保持湿润，这会促使根系停留在这个区域不往下扎根。此时如果表面土变干，所有的根都会因缺水而死亡。让深层土壤湿润，根系会深扎下去寻找水分，这样即使表面土壤变干，植物也不会太受影响，因为深根能从深层土吸水。

灌溉系统

除了刚种下去的时候，我一般不给种在自然土地中的植物浇水。只要你的土壤含有足够的有机物质，而且当地的气候不是非常炎热和干燥，土地自己的湿度就足够植物使用了。当然也有例外，例如，莴苣等娇嫩的叶菜需要经常浇水；而豆类或西葫芦等采收期较长的植物，在采收期也需要充足的水分。灌溉的方法有很多，一般来说使用浇水壶就可以了。使用软管浇水速度更快，但需要一定的水压。滴灌系统是一种低劳动投入和高效节水的灌溉方法。

第四章
植物

无论是在阳台上种几个盆栽，还是经营一块园地，对新手来说，确定要种什么和要种多少都是很头疼的问题。虽然互联网使查找作物的产量数据变得更容易，但大多数网站和书籍仅提供标准间距下的平均数据，并没有指示你能从植物中获得怎样的产量。

这一章旨在为你提供此类指导。虽然本章并没有详尽列出所有作物，但我选择了一些优良的品种，并给出了它们将占用你的园地多少空间的指导，以便你可以计算要种多少。不过这些数字不应被视为不变的真理，毕竟有太多的因素会影响产量了，但是对于制定种植计划来说，它们是不错的参考。

我还列出了种植每种作物的一些技巧。这本书并不是为某个特定作物提供的完整种植指南——每种水果和蔬菜都可能需要一本完整的书来进行详细的介绍——而我更多的是在分享我25年来的种植经验和采访英国优秀种植者得来的经验，它们可能是每种植物需要多少水，或者要注意哪些虫害或病害，或者每种植物最适合哪个季节等。

我还整理了如何在种植和收获时最大限度地利用植物以获得最大的回报的方法。你可能会惊讶有些植物的某些部位其实是可以食用的，并学习如何在采收后还能继续从园子中持续获得植物的价值。花园是一个复杂的生态系统，我们很难最大化其潜力。让花椰菜在冬季开花，或在裸露的土地上让庄稼打籽形成覆盖作物，只是追求最大潜力的一些小技巧，这一类的技巧还有很多很多。如果你是一个非常喜欢整洁的人，你可能需要克服保持一切整洁的强迫症。零浪费的园子可能看起来很野，但自有其动人之处。

最后，我还提供了一些应对过量丰收的小技巧。你必须做好心理准备，一旦开始种植作物，过量的丰收几乎是一定会发生的。到时候你会发现需要再多买一个冰箱，或者你的厨房里塞满了食品的腌制罐，再或者你的伴侣开始抱怨次卧里铺满了晒干的种子，可别怪我没提前告诉你留意植物强大的产能哦。

芝麻菜[一]

Eruca sativa

芝麻菜很容易种植，是沙拉和披萨上的鲜美佐料。如果你喜欢吃带有一点特殊香味的叶菜，那芝麻菜就是不二之选。你也可以让它开花，因为花朵不仅可食用还很好看，当然了，虫子们也很喜欢。

播种：初春或夏末，直接在最终生长地播种；初春或秋季，在覆盖物下播种。

移栽：无须移栽。

收获：播种后4~6周收获。

食用：现摘现吃，可生食，或做成青酱后冷冻保存。

产量

	每株	每平方米
总计	100克	1千克
每次采摘	50克	500克

[一] 另有中文译名火箭菜，但芝麻菜这个叫法更为流行。——译者注

采收频率

如果单独采摘叶子，则每1~2周采摘一次，如果采收整株植物，则需间隔2~4 周。

种植提示

✚ 芝麻菜是非常容易种植的植物之一。它发芽非常快。

✚ 成行种植，将种子间隔1~5厘米播种。发芽后间苗，吃掉间出的幼苗，每10厘米留一个植株。或者可以将种子均匀洒在一片地里，以实现完全覆盖。这有助于减少除草的工作。

✚ 用剪刀或锋利的刀采收。不要割得太低，否则将切断生长点，切割点建议在地面3~5厘米以上。

✚ 每个种植周期至少可以采收两茬；在较冷的天气中，甚至可以在开花前采收三至四次。

✚ 与大多数十字花科蔬菜一样，芝麻菜在低温下也能发芽，使其成为初春和晚秋的沙拉作物。它不喜欢非常炎热或干燥的天气，在这种天气里它们往往会迅速开花变老。温度较高时要注意给作物提供充足的水分。

✚ 芝麻菜适合作为生长较慢的作物（如玉米或卷心菜）的间植作物。在收获芝麻菜的时候，主要作物逐渐长大并开始遮蔽阳光。在这个阶段，你可以将它们留下来吸引昆虫，或者可以将其摘除避免其和主要作物竞争——将最后几片叶子采摘后把茎秆添加到堆肥堆中。

✚ 与一年生的芝麻菜不同，野生芝麻菜是一种生长期短暂的多年生植物，它们开花后就不要再采收了。

零浪费提示

✚ 芝麻菜的花是可以食用的，而且很漂亮。

✚ 即使你错过了花期，仍然可以食用幼嫩的种荚。

✚ 如果以上这些都错过了，不要担心，让种子成熟，这可以为你的下一轮播种提供可爱的、免费的芝麻菜种子。

芝麻菜丰收了吃不完怎么办?

你也许会在某个时期收获过多的芝麻菜，特别是当叶子开始变大时。

✚ 你可以将大一些的叶子加到炒菜里，还可以将其作为菠菜的替代品。

✚ 最简单的处理大量芝麻菜的方法是在盆中将其捣碎并加入油然后冻成小块，以便以后使用。可以配合使用核桃和大蒜做香蒜酱，也可以在做调味汁和砂锅炖煮的时候用于增加一些特殊的香味。

芦笋

Asparagus officinalis

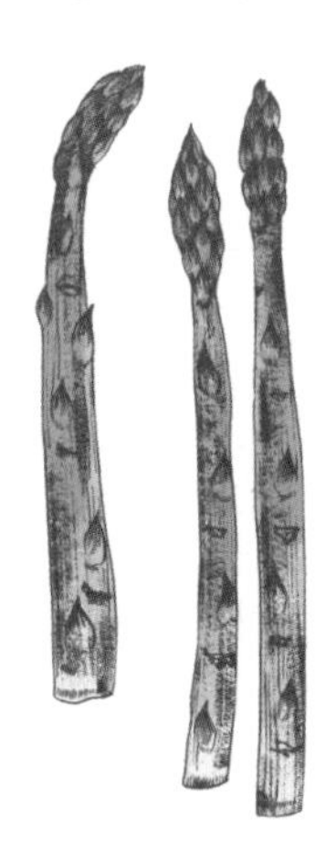

春天独具的喜悦之一就是芦笋。在其短暂的6周采收期里，每一天我都能快乐地享用它们。在适宜的土壤中，它会像野草一样疯长。如果你的场地面积不足，它可能会看起来更像是一种大自然的奢侈品，何况它还是在其他作物还没有什么收成的时候出现的。

播种： 春季，理想温度为21~29℃。

移栽： 冬末至初春休眠期间。

收获： 当芽长到约15厘米长时，从地面以下把芽切断采收。

食用： 春末至初夏可现摘现吃，冷冻、腌制后可供全年食用。

产量

	每株	每平方米
总计	500克	3千克
每次采摘	50克	300克

采收频率

每2~3天采收一次以确保茎不会变硬。

种植提示

✚ 某些品种可用种子种植，播种是最便宜的选择。但是，一些较新的品种（其中一些是一代杂交品种）仅以“芦笋花冠”的形式出售。

✚ 许多新品种都是全雄株，这意味着它们的产量更高。

✚ 用花冠种植的话株间距需要45厘米。

✚ 越冬时使用充分发酵的木屑或稻草覆盖冠根，能有效抑制一年生的杂草。如果你遇上的是多年生杂草的问题，你可以从秋末开始到第一支芦笋出现之前，用一层厚塑料膜将地表覆盖。这虽然不能彻底消除杂草，但至少能减缓它们的生长速度。

✚ 芦笋喜欢疏松和沙质的土壤，对盐分环境有较强的耐受能力。如果你的园地土层较厚，则适合给芦笋做一个抬高的苗床，不用太复杂，只需能形成一行脊即可，能实现快速排水并保持芦笋根部干燥就可以了。

✚ 芦笋不容易发生虫害，除了芦笋甲虫，这是一种黑色和橙色相间的靓丽生物。如果你发现了这种虫害的身影，则需要在秋末的时候修剪周围的叶片，这会有助于减少它们的数量[㊀]。

✚ 在春末至夏初约6周的时间内，每两三天采摘一次。

✚ 在种植的前几年不要采摘，让植物积累足够的营养和能量。

零浪费提示

✚ 尽管芦笋只有幼嫩的芽可供食用（一旦芽木质化，就不再适合食用），但芦笋的叶在插花中也是很好看的。别在幼小的植株上摘太多嫩芽，因为它们需要储存足够的能量以供第二年发芽。

芦笋丰收了吃不完怎么办？

✚ 我敢保证你不会收获太多新鲜芦笋，除非你有一个庞大的园子，如果真的有，把它们冷冻起来保存是个不错的办法。先焯水后晾干，然后放在托盘上分开冷冻即可。这样，你可以随时想吃多少就拿多少。

✚ 腌制芦笋也很棒。尽管在欧洲，通常腌制的是白色的粗笋品种，但绿色芦笋也不错。

㊀ 学名芦笋十四点负泥虫，主要啃食芦笋的嫩茎并在上面产卵。——译者注

芹菜

Apium graveolens

种植出超市里卖的黄化（见“词汇表”）芹菜有一定的难度，但这是一个很不错的种植挑战。自带黄化基因的品种更容易种植，但没有那么甜。黄化之后往往具有更浓的芹菜香味，更适合用于料理肉汤和炖菜。

播种： 初春。

移栽： 春末或初夏。

收获： 在第一次霜降（种植后的100~130天）之前，底部直径达到5~8厘米时。

食用： 现摘现吃，或用于烹制清汤、浓汤和炖菜。

产量

	每株	每平方米
总计	1棵（约500克）	15棵（约7千克）

种植提示

✚ 芹菜并不是最容易种植的作物。如果你第一次尝试，可以考虑购买这种作物的幼苗来提高成功率。

✚ 芹菜需要格外的关照，需要充足的肥料和水。在种植之前铺设堆肥，并确保它们不会缺水。如果在早期生长阶段它们缺水或受低温胁迫，则可能长出过多的叶子而几乎没有茎，或者会提前抽薹老去。

✚ 确保移栽的植物没有形成盆缚（见“词汇表”），不然会增加移栽休克和提前抽薹的可能性。

✚ 尽量保持环境温度在13℃以上，在较冷的气候中别过早种植它们。

✚ 芹菜容易形成苦涩的味道，种植者会用“黄化”这种种植技术来减轻这种味道，具体操作办法是遮挡茎部的光线以阻止其合成叶绿素，然后茎就会变得颜色较浅并更甜。有各种各样实现黄化的操作方法，例如，在茎周围堆积土壤，但最简单的方法是在每个茎周围包裹一层纸板套管，并仔细绑好以防被风吹走。这需要在采收的几周前操作。

零浪费提示

✚ 在沙拉中添加少量芹菜会很可口，或者可以把芹菜作为大多数菜谱中欧芹的替代品。它们还是汤的绝佳辅料。

✚ 如果有植株在你食用之前开花（或变得太木质化而难以食用），那就让它们开花。花朵会引来益虫，如士兵甲虫。最后你还可以收获种子，种子也可用于各种菜肴，特别适合添加到鱼和鸡肉料理中，或在炒菜时使用。

✚ 当你收获芹菜时，请保留地面以上3~4厘米的茎。它还能重新长出一些茎。这些茎会比之前的短一些，叶子会更密一些，但仍然是美味可口的。

✚ 你甚至可以利用超市买的芹菜种出一株新的芹菜：只需切割时在根部保留5厘米左右，放入水中，等长出新根后，将其移栽到盆或土壤中即可。

芹菜丰收了吃不完怎么办？

✚ 芹菜可以冷冻保存——切成小块，焯水后冷冻，当制作酱汁或炖菜时取出使用。

✚茎和叶都可以烘干保存（将茎切成薄片即可），这种方法可以让其风味更浓郁。如果烘干得当，它们能保存很长时间，以便于日后添加到炖菜和汤中食用。

野苣/歧缬草

Valerianella locusta

野苣是一种非常美味的小型可生食叶菜，其中维生素C的含量是普通生菜的三倍。它耐寒，一年中大部分时间都可以种植，它往往在夏季开花结籽。

播种：夏末或初春，直接在土壤中播种。

移栽：无须移栽。

收获：有叶子可以采摘时。

食用：沙拉。

产量

	每株	每平方米
总计	25克	1.75千克

采收频率

每隔1~2周采摘一次，寒冷的季节里间隔时间要相应拉长。

种植提示

✚ 直接在土壤中行播或密集播种，最终保留大约10厘米的株间距即可。可以密集播种并通过间苗调整到这个间距——当然还可以吃掉间出的幼苗。

✚ 野苣很耐寒，不过5℃以下它实际上不怎么生长。可以在大棚内种植野苣，与许多冬季沙拉作物一样，即使在较冷的天气中，保持大棚通风良好也是防止作物病害的必要条件。人们往往认为需要在大棚内保持所有的热量，尽管这在夜间、大风或结冰的时候是正确的，但偶尔敞开大棚让空气流动是有好处的。

✚ 野苣不太容易受到叶甲科甲虫的侵害，所以你可以放心在户外种植它们，特别是在许多地区，冬天已经变得越来越暖和了。

✚ 尽管萌发快且容易生长，但野苣毕竟是一种小型植物，容易被生长得更快更高的杂草所掩盖，因此你需要多关注它们并及时除草。

✚ 像大多数沙拉叶菜一样，野苣不喜欢太干燥的环境，因此需要保持充足的水分灌溉。

✚ 野苣株型有点小，所以在采收时有点麻烦，我倾向于在靠近地面的地方切断基部来采摘整株野苣。如果你愿意单独采收叶片，那你能够获得更高的产量。

零浪费提示

✚ 留下一些植株让它们开花打籽，你将会在下一年得到一批优秀的自播植株。与许多容易自播的植物不同，野苣自播很少给园子带来麻烦，因为它的植株太小了，不会压制其他作物。

野苣丰收了吃不完怎么办？

✚ 通常生吃它们，作为沙拉叶菜，不过野苣也可以经过烹饪后被食用。可将其蒸或烫一下，作为菠菜的替代品，切碎加入汤中。如果你有大量的野苣，甚至可以将其作为汤的主要成分——每四人用量约500克，再添加类似鸡肉或蓝纹奶酪等食材来让汤的味道更加浓郁。

球茎茴香

Foeniculum vulgare var. dulce

我很喜欢球茎茴香这种有着茴香特殊香味的蔬菜。我很乐意直接在地里生吃球茎或叶子。尽管茴香很容易抽薹，但它仍然是零浪费花园的一个好选择。即使球茎没有完全成熟，你仍然可以采收叶子和未发育完全的球茎，或者等待它开花打籽。

播种： 春末至初夏，直接播种或在穴盘中育苗。

移栽： 初夏。

收获： 夏末至秋季。

食用： 现摘现吃，烹煮，或用于制作汤、浓汤和炖菜。

产量

	每株	每平方米
总计	250克	8千克

种植提示

✚ 球茎茴香不喜欢被移栽。尽管移栽是可行的，但这样做会增加其提前抽薹的风险。窍门是可以在较大的盆中种植，省去疏苗移植的步骤。另外要确保幼苗不缺水。

✚ 直接播种时，将种子均匀地撒在一起（种子之间间距1厘米），间苗的时候把株间距稀疏到20厘米。但要尽早间苗，如果植株太挤，可能无法正常形成球茎。像大多数需要间苗的植物一样，可以将拔掉的小苗用于沙拉或切碎后放入煎蛋卷中食用。

✚ 和许多“香料”蔬菜一样，球茎茴香进化出强烈的味道是为了对抗虫害和病害。尽管我们栽培的品种比其野生祖先的味道要更温和，但这种防御机制仍然是有效的，球茎茴香极少受到虫害和病害的侵扰。不过它害怕蛞蝓，且越是小苗越是容易受到蛞蝓攻击，一旦它长大就不必太担心这个问题了。

零浪费提示

✚ 大部分的球茎茴香地上部分都是可以食用的。现代品种的肥厚球茎是根据人类的需求培育出来的，你也可以将球茎茴香的叶子用于茶和沙拉中，或者当成具有茴香味的香料来使用。球茎茴香的叶子甚至可以被晶化制成美味的茴香糖果。

✚ 球茎茴香的茎比其嫩球茎略为坚韧，但仍然美味可口。当它们还很嫩时，可以像芹菜一样被食用。即使太硬了也可以通过烹饪来软化。

✚ 球茎茴香的花也是可食用的，花粉甚至是一种具有浓烈甘草和柑橘味道的时尚美食。采摘时，只需采摘整个花头并带上一点茎，然后将其倒挂，用干净的纸袋绑在花头周围以收集花粉。其余部分也不用扔掉，阴干之后可以将花头也磨成粉末用作调味料。

✚ 球茎茴香的种子也有烹饪价值，特别是为肉类菜肴增添味道。

✚ 采收球茎时，不要将植株连根挖起，这样它还能重新生长，会长出一些小的球茎作为额外的收成。

✚ 有时尽管你已经尽了最大的努力，可茴香并不会形成球茎，而是长出木质的绿色枝条。这些值得保留吗？是的，这些较坚硬的枝条虽然没办法直接吃，但是可以作为调味料添加到肉汤中，只需粗略切碎即可。

球茎茴香丰收了吃不完怎么办？

✚ 腌制的球茎茴香非常美味：它的风味能被很好地保留下来，而且浓郁的茴香味在腌制后会变得非常独特且有趣。

✚ 你也可以冷冻球茎茴香，不过最好是冷冻其幼嫩的鳞茎，因为一旦解冻，成熟的鳞茎可能会变得很硬。当然，你仍然可以将它们用于煮汤。

芸薹族

Trib. Brassiceae Hayek

我无法完整地介绍这个范畴下的各种作物。它们在味道、形状和颜色上都各不相同，一般来说我们食用它们的叶子或嫩茎。其中许多品种有刺激的味道或带有芥末味，叶子老化后味道会变得非常浓烈。作为十字花科植物，它们适合较凉爽的季节，并且在冬季的温室或大棚里能表现得非常出色。这类作物可以分为三个主要的群组。

播种：春季或夏末。

移栽：春末或初秋。

收获：春季至秋季。

食用：现摘现吃；腌制后可供全年食用。

pekinensis群组

大白菜就属于这个组。它们往往像卷心菜一样能紧密成球，可以作为生菜或卷心菜的替代品，也适合炒菜。每平方米种植2行3列，共6棵。

产量

	每株	每平方米
总计	1千克	6千克

chinensis群组

许多属于这个组的植物名中都有“choi/choy”这样的字眼：如小白菜、油菜。它们的结构更像是带有厚茎和深绿叶子的甜菜。蒸、炖或炒的味道很美妙，幼小时采摘也很美味。每平方米种植3行4列12棵植株，或5行10列小植株。

产量

	每株	每平方米
总计	750克	9千克
每次采摘	100克	5千克

nipposinica群组

这是一种更多叶子、更多芥末味的类型，通常在幼小时为了制作沙拉而采摘。虽然长大后仍然是柔软美味的，但它们的辛辣度会增加，所以要小心食用。

产量

	每株	每平方米
总计	200克	12千克
每次采摘	50克	3千克

种植提示

✚ 芸薹族的作物都非常美味和鲜嫩，蛞蝓也是这么认为的。这些作物非常容易受到蛞蝓的侵害，特别是在它们幼小的时候。

✚ 另一个主要的害虫是跳甲，如果天气很热并且幼苗发芽后立刻进入干燥的环境，跳甲就容易出现并破坏作物。不过它们造成的伤害并不大，只会影响植物的外观（在叶子上留下小白点），一般来说还是可以接受的。你可以通过在大棚或温室中种植，甚至使用临时的玻璃罩或别的覆盖物来克服这个问题——请注意，你需要确认覆盖物的边缘确实密封好了，以防跳甲从缝隙下潜入。

✚ 在种植马铃薯之前种植芸薹族作物是一个好选择，甚至可以降低发生白蚁的风险，如果种植在最近耕种过的草地上，会有更好的效果。

零浪费提示

✚ 采摘嫩苗。大多数芸薹族作物生长得非常快，可能会变得非常辣（对于芥菜类的）或有点咬不动。如果它们已经长老了，你还可以食用它们的花蕾。

芸薹族作物丰收了吃不完怎么办?

✚ 大量用于炒菜。

✚ 也可以做成腌菜，尤其是大白菜，这是制作泡菜的经典原料。

采收频率

如果单独采摘叶子，则每隔几天就需要采摘一次。

如果采收整株植物，则需间隔2~4周。

在非常寒冷或非常炎热的条件下，这些时间间隔应加长。

穿叶春美草㊀

Claytonia perfoliata

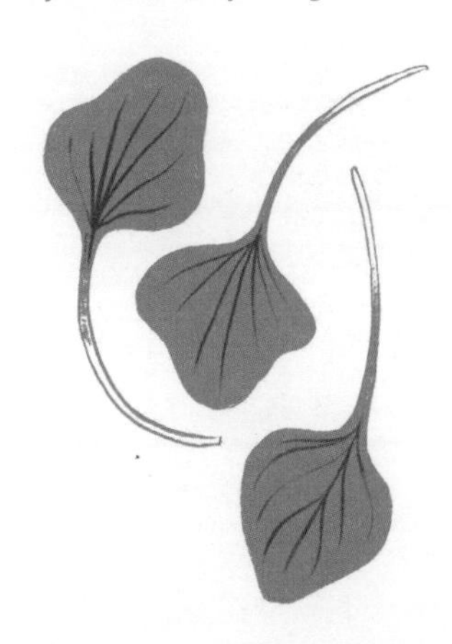

播种： 春末至初夏，直接播种或在穴盘中育苗。

移栽： 初夏。

收获： 夏末至秋季。

食用： 现摘现吃，生吃或做熟都可以，也可以用于制作肉汤、粥和炖菜。

又称矿工莴苣，是一个非常适合在冬季种植的小型生食菜。虽然它能够在极低温度下生长，-35℃甚至更低的温度也可以，但最好还是在覆盖物下种植。

种植提示

✚ 冬季发芽很快，而且在相对较低的温度下就能发芽，因此非常适合与大型植物一起间植或在主要作物采摘后用来填补土地空缺。

穿叶春美草丰收了吃不完怎么办?

✚ 较大一点的叶子可以像菠菜一样蒸煮，甚至可以做成美味的汤。

产量

	每株	每平方米
总计	75克	5.25千克
每次采摘	25克	1.75千克

采收频率

每3~4周采摘一次。

㊀ 音译名“冬马齿苋”，实际上是水卷耳科春美草属植物。——校者注

菠菜

Spinacia oleracea

说实话，我已经放弃种植所谓的“真正”的菠菜了，转而选择更具生产力、更耐寒、更甜的细叶品种。但是，这种作物精致的口感和微妙的味道始终令人惊叹。

播种： 初春或夏末，直接播种或在穴盘中育苗。

移栽： 春季、夏末至初秋。

收获： 初夏、秋季至冬季。

食用： 夏季至初冬可以现摘现吃；冷冻、腌制后可供全年食用。

产量

	每株	每平方米
总计	150克	4.5千克
每次采摘	75克	2.25千克

采收频率

每4周采摘一次，间隔周期主要取决于天气。

种植提示

✚ 有3种采摘菠菜的方法：1）采摘嫩叶生吃；2）摘下整个植株，尽管这会牺牲一些产量（大约1/3），但是这种生长快速的植物通常可以整株食用，无须从茎上剥离叶子；3）让植株生长得稍微大一点，采摘大叶子，反复采收，这样可以充分利用它们，但会多费一些时间。

✚ 菠菜是那种一旦遇到炎热和干燥气候就喜欢抽薹的作物，所以在冷一些的季节里播种能减少它提前抽薹的风险，确保充足的灌溉也可以达到此目的。

✚ 种植菠菜要面对的另一个问题是霉菌。虽然现代培育的品种具有一定的抗病性，但环境湿度要是比较高的话，最好还是留出足够的株间距，以便实现良好的通风，降低霉菌侵染的风险。

✚ 如果每个月采收两次的话，需要20厘米的株间距，每平方米种植3行。

零浪费提示

✚ 减少菠菜浪费的最好方法是不要让它们坏在冰箱里。与其那样，我更喜欢在采收后的一两天内就把它们吃光——像所有的叶菜一样，最好趁着新鲜吃完。如果我实在需要保存菠菜，我会小心地清洗它们，避免形成瘀伤，仔细擦干并松散地装在可重复使用的塑料袋、玻璃瓶等容器中，然后放进冰箱。

菠菜丰收了吃不完怎么办？

✚ 新鲜的叶子烹饪后会严重缩水，所以我很少会一次采收过多的菠菜，但如果真的太多了，就将其作为烹调配料加入意大利面中或放到馅饼里。菠菜搭配奶酪的味道也很好，如西班牙菠菜派。

✚ 菠菜可以冷冻保存。如果你不需要保存太长时间的话，那就只需细心清洗，晾干，然后将叶子装入盒子或袋子中冷冻即可。如果你希望保存的时间久一些，在上述操作前焯一下水即可。

✚ 菠菜也可以腌制保存，但腌制的味道不是很浓，因此最好与其他食材和香料混合在一起腌制。

甜菜

Beta vulgaris subsp. *vulgaris*

甜菜和它的近亲厚皮菜[㊀]在专业种植者中广受欢迎。它们不仅产量大，还既耐寒又抗病虫害。对于家庭园艺爱好者来说，除了上述的优点外，它们的观赏效果也很不错。因此我经常把它们种在我的花坛中。

播种： 春季或夏末（初秋种植需要覆盖物）。

移栽： 春季至初夏，或夏末至初秋。

收获： 除了气温长时间零下的情况，全年大部分时间都可以采收。

食用： 现摘现吃，或冷冻保存。

产量

	每株	每平方米
总计	1.3千克	26千克
每次采摘	325克	6.5千克

㊀ 也称君荙菜，其实甜菜、君荙菜，还有后文讲到的甜菜根，都属于苋科甜菜属的作物，某些地方可能把它们都叫作“甜菜”。——译者注

采收频率

如果单独采摘叶子，则每1～2周采摘一次，如果采割整株甜菜，则每2～4周采摘一次。

种植提示

✚ 甜菜和羽衣甘蓝一样，是最容易获得的新鲜叶菜。瑞士甜菜（swiss）有最大的叶子和厚实的白色肉质茎，红宝石甜菜（ruby）和彩虹甜菜（rainbow）则略小，但烹饪过程中色彩鲜艳。

✚ 厚皮菜没那么艳丽，但更加耐寒，更易于生长。顾名思义，它更加厚实，可以提供更长的采收期。

✚ 甜菜的株间距应在30厘米左右，行间距离应为45厘米。

✚ 你可以有两种收获方式：1）从外侧单独采收叶子，留下嫩叶继续生长；2）直接将整个植株采收，留几厘米高让它能再次生长。后一种方法采收更快，但你最终收获的叶子会大小不一，一些较小的叶子可能被拦腰切断从而给植株留下较大的伤口，还有一个风险就是一些叶子的碎片会掉进植株的冠心，腐烂后引发病害，因此我更喜欢采摘单个叶子，即使这样的操作需要消耗更长的时间。

零浪费提示

✚ 甜菜，特别是瑞士甜菜，有巨大的多汁茎，它将甜菜和菠菜的优点合二为一：叶子像菠菜，甚至在口感和硬度上还更胜一筹，可以用和菠菜一样的方式处理；而茎像甜菜一样需要单独处理，我通常会把茎切成小丁，煎炒5～10分钟，然后再加入切成小片的叶子煮几分钟，这样可以保持鲜脆的口感。如果想要更柔软和更浓郁的味道，可以加入一些葡萄酒或醋，盖上锅盖小火慢炖30分钟左右。

✚ 瑞士甜菜是从海甜菜发展而来的，从叶子上就可以看出它的甜菜基因，瑞士甜菜的根也是可食用的，虽说没人专门为了收获根而种植它们。如果你已经从植物上采收了数月的叶子，那么此时的瑞士甜菜可能会比幼嫩的甜菜坚韧得多。不用担心，经过长时间的慢烤后，根就可以食用了，它有很浓郁的坚果味。

✚ 如果你种植了很多甜菜，它整体的生长速度远比单独采摘叶子要快，那最好将一些植株拔出来，在根还相对嫩时食用。

✚ 我有时会使用较大的叶子包裹味道浓郁的食材一起食用。小心地将它们整片蒸熟，然后在中间涂抹填充奶油之类口感浓郁的食材。我通常会同时使用两片叶子，以确保它们不会“露馅”。

甜菜丰收了吃不完怎么办？

✚ 将叶子和茎分开处理，焯水后放在袋子里冷冻保存。

✚ 甜菜的茎很适合腌制，如果你有不同颜色的茎，把它们腌在同一个罐子里，还挺赏心悦目。可以将腌制好的茎切成小块，夹在汉堡中食用，或者切成大块作为开胃菜食用。

莴苣

Lactuca sativa

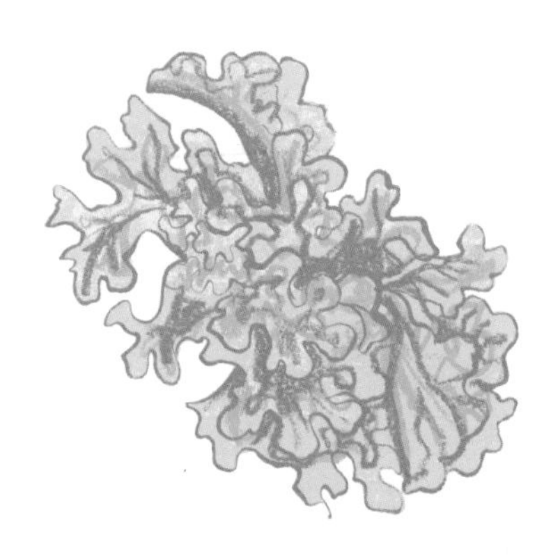

我在20世纪70年代的英国长大，当时能够买到三种莴苣：传统莴苣（traditional cos）、生菜（butterhead）和现代时髦但没什么味道的冰山莴苣（iceberg）。现在可以购买的品种比当时多得多，自己种植莴苣的时候，可选择的品种会更加丰富。

播种：春季至秋季。

移栽：春季至秋季。

收获：春季至秋季。

食用：春季至秋季可现摘现吃；腌制后可供全年食用。

采收频率

如果单独采摘叶子，则每隔几天就能采摘一次，如果采摘整个莴苣，需间隔2～4周让它再次生长。

产量（整株采收）

	每株	每平方米
大株采收	800克	7.25千克
小株采收	300克	6千克

产量（叶片采收）

	每株	每平方米
大株采收	150克	7.5千克
小株采收	25克	1.5千克

种植提示

✚ 常见的莴苣大体上可分为能多次采叶的类型和可结球的类型（有些品种兼具这两类特点）。多次采叶的类型通常可以直接播种，种植密度可以更大一些，而可结球的类型则适合先在育苗托盘或穴盘中育苗，然后按照株间距要求，移栽到园地中继续生长。

✚ “沙拉新星（salanova）”是相对较新的品种，具有引人注目的颜色，看起来像是一个完整的莴苣头，但切开后会发现其实是一堆小叶子。

✚ 莴苣需要45～100天才能成熟，如果不追求获取最大的产量，那就可以在任何时候采收它们，边采收边播种就能持续获得莴苣供应。

✚ 商业种植者通常每一两周播种一次，但作为园艺爱好者，我们可以比这间隔更长。我建议每三至四周播种几株或几行即可。

现在可以购买的品种比以前多得多，你自己种植莴苣时，可选择的品种会更加丰富。

✚ 如果温度太高，莴苣种子将无法发芽，因此要尽量找一个凉爽的地方播种莴苣，或者在晚上进行播种，这样它至少有凉爽的夜晚来萌芽。

✚ 天气也会产生影响：莴苣喜欢凉爽的气候和稳定的水分，如果遇到非常干燥或炎热的天气，它就会停止生长。

✚ 有些品种是特别为阴生和寒冬育种的。虽然它们并不特别耐寒，但足够在大棚和温室中顺利生长了。例如，“Winter Marvel”和“Reine de Glace”这两个品种，甚至可以在晚秋播种，或者在深冬于室内播种。

✚ 有趣的是，也有一些相对耐热的品种，比如“Reine de Glace”等，这些品种在夏天不容易提前抽薹。选择合适的品种能提高你种植的成功率。

零浪费提示

✚ 莴苣种子很容易保存，仅在又潮湿又凉爽的夏季会容易腐烂，因此如果你有莴苣开花了，请不要把它们全拔掉，而是留下几株用来打籽。莴苣大多数都是自花授粉的，因此自己收获的种子通常能保持和母本一样的特性，并且常常能比新购买的种子更容易发芽。

✚ 即使你种植的不是可采收再生长的莴苣品种，只要你将采收点割得高一点（离地面约2.5厘米），那它大概率还是可以再长出嫩叶，以供二次收获的。

莴苣丰收了吃不完怎么办?

✚ 莴苣通常拌在沙拉中生食，但烹煮也是很好的，莴苣汤也很美味，或将叶子加入炒菜、蛋饼中，或整片叶子用来炖煮。

✚ 叶子没长老的时候非常适合包裹馅料，就像卷心菜叶一样，但要双层叠起来使用，因为它们不像卷心菜叶那样坚韧。

✚ 如果叶子长得还不是太大，那整个叶子都可以拿来腌制，或者撕成小块再腌制，加点莳萝调味会非常的美味。

豆瓣菜[1]

Nasturtium officinale

播种：春季或夏末。

移栽：春季至初夏，或初秋。

收获：夏季至秋季。

食用：现摘现吃或煮汤。

我们很难在自己的园子里种植水生蔬菜，因为园子里很难拥有自然水系，实在想种的话，我会推荐你在盆中或园子里种植豆瓣菜。这是一种生长迅速的一年生水生蔬菜。它很容易种植，只要你能保证有充足的水用来灌溉。

种植提示

✚ 和生食菜一样：在盆或育苗块中播种几颗种子，然后移栽到较大的盆或园地中。

✚ 豆瓣菜需要湿润的土壤。它在有泵打氧的池塘中能长得很好，但是请务必保持池塘水质，不然这种作物很容易因水质不好而感染病害。

产量

	每株	每平方米
总计	1.3千克	26千克
每次采摘	325克	6.5千克

[1] 也叫西洋菜。——译者注

杂交大黄

Rheum × hybridum

我引用劳伦斯·D·希尔斯的话来介绍这种作物：杂交大黄是每个春天的第一道“果实”，比醋栗出现得还早。它不怕鸟害，不怕霜冻，不怕城市污染，而且在营养上比李子和青梅还要出色，是花园种植最省心的作物之一。

播种：春季。

移栽：秋季或冬季。

收获：春季至初夏。

食用：春季至初夏可现摘现吃；腌制、冷冻后可供全年食用。

产量

	每株	每平方米
总计	2千克	2千克
每次采摘	400克	400克

采收频率

每隔几天或随时按需采摘，及时采摘可以促进嫩芽生长。

种植提示

✚ 杂交大黄（后面简称大黄）有两个非常好的特点：1）它非常耐寒，且几乎不会有虫害和病害，非常适合遵从零浪费理念的花园爱好者。2）它在缺乏收获的季节开始生长——春天结束的时候，冬季种植的作物已经被吃得差不多了，而适合夏季采收的作物还没来得及开始播种。此时肥硕的大黄芽从土里冒了出来，标志着黑暗的日子就要过去了——拥有新鲜蔬菜的日子即将到来。

✚ 你可以购买大黄种子用来种植，但种类非常有限，而且甜度也不是最好的，所以我建议购买大黄的根茎进行种植，你至少能够持续收获十年，所以这种开销是很划算的。

✚ 当你发现大黄植株变得不再那么多产了，意味着到了需要分株的时候了。你需要把它们挖出来并将根茎分成三四块（具体数量取决于根茎的大小），然后重新种植这些碎根，就能让它们继续生长十年甚至更久。

✚ 在一些地区，大黄是少数几种可以越冬的蔬菜之一。白天时长缩短到不到十小时时，它会进入休眠状态，而这种休眠状态需要至少要温度升到4℃才能打破。如果你在热带地区种植大黄，它就不会进入休眠状态。

✚ 有一种排除光线的强制栽培方法，可以产生淡粉色和更甜的茎。即使缺乏光照，大黄也会在较温暖的条件下继续生长，利用这一点，你可以将一个大桶扣在它们上面来实现强制栽培。注意，不要每年都强制栽培同一株植物，否则它会变得很虚弱。我每年大约强制栽培1/3的大黄植株，然后再用几年时间让它们恢复元气。

零浪费提示

✚ 大黄的叶子虽然很大，但不能食用，因为它们含有大量的草酸，因此具有一定毒性。然而这并不意味着它们一无是处。例如，我会把它们放在多年生植物周围来抑制杂草，虽然它们不能持久除草，但确实有助于减缓杂草的生长。

✚ 大黄叶也可以用来清洗烧焦的锅。只需将几片叶子和水一起煮沸，叶子中的酸可以帮助去除那些烧焦的污渍。

大黄丰收了吃不完怎么办？

✚ 制作果酱和酸辣酱是最常见的保存大黄的方法。大黄非常容易冷冻保存——切成块并在托盘上冷冻，然后装袋即可。

✚ 大黄的酸味也适合制作糖浆，可以在冰淇淋或薄煎饼上享用。

✚ 对于更大量的大黄，可以制作大黄酒，将其与更甜的水果混合酿造会更美味。在收获时将大黄冷冻，酿造时再解冻并与其他水果混合。冷冻有助于破坏细胞，加速发酵过程。

甘蓝类

Brassica oleracea

甘蓝类中所有的作物都具有一定共性，很容易杂交授粉。它们主要分为两个大类：Brassica oleracea（包括所有卷心菜、羽衣甘蓝、抱子甘蓝、菜花和西蓝花）和Brassica rapa（芜菁、芥菜）。它们在开花能力、叶子大小、颜色、卷心能力等特性上有所不同，这些特点也成了我们选择种植哪一种的直接原因。不过，除了上述的不同之处，它们在种植和食用方法上几乎是一样的。我们将在后面更详细地介绍甘蓝类蔬菜中不同的作物，现在这部分主要介绍这些甘蓝类蔬菜所具有的共性。

种植提示

✚ 看到甘蓝类蔬菜的大叶子和它们巨大的“身材”，你应该就能猜到，它们都是“食量”很大的植物。壮硕的植株意味着不容易受到害虫的侵袭，而壮硕的植株需要肥沃的土壤支持，所以在种植这些作物之前，最好在轮作的过程中加入堆肥或腐熟的肥料。但如果土壤中有太多的氮肥，甘蓝类蔬菜就会因生长过快而导致细胞壁变薄，这反而使它们易受吸食汁液的昆虫和一些真菌的侵害。因此你需要保证在它们强壮生长的同时又不能速度过快。可以在轮作的间隔年份里，把堆肥或肥料添加到土壤中，配合绿肥作物就可以降低可溶性氮含量过高的风险。

✚ 甘蓝类蔬菜特别适合在较冷的环境中种植。它们在10℃的低温下也能发芽，还能适应弱光环境。反之，在非常炎热和干燥的环境中则会生长不良。因此它们通常被认为是冬季作物，在冬季早期和晚期播种，在其他作物供应不足时为我们提供营养丰富且新鲜的食材。

✚ 长势良好的甘蓝类蔬菜具有很强的抗虫害和抗病害能力。但无法抵抗钟爱它们的鸟儿，特别是鸽子，尤其是在下雪时，它们高耸的茎是唯一突出于皑皑白雪的绿色植物。设置遮蔽网是防止鸟类侵害的最有效方法，但这与我们的零浪费理念不合。我试过在作物中捆绑一些CD光盘，它们随风晃动时的反光能吓跑鸟儿……但没风的时候鸟儿还会再回来。

甘蓝类蔬菜都有一个“超能力”，那就是除了根部以外都能吃——尽管有些部位可能并不好吃。

零浪费提示

✚ 即使叶子以外的部分可能并不是甘蓝类蔬菜的目标产物，你仍然可以采收并食用它们。例如，在英国，抱子甘蓝除了腋芽小球外，其顶端也是一种经典的蔬菜。再如，菜花周围的叶子也很美味。

✚ 对于那些结球的作物（如卷心菜和菜花），采收之后，植物通常还会产生第二批小嫩芽，它们也非常适合用来炒菜或蒸煮。

✚ 花：在你收获了主要部分后，通常所有的甘蓝类蔬菜都容易开花结籽。此时可以收获嫩的黄色花朵，用于沙拉或蒸煮后食用。

✚ 种荚：所有甘蓝类蔬菜的种荚都是可食用的，前提是在很嫩的时候采收，否则它们会变得非常坚硬难以下咽。虽说通过烹饪可以使它们稍微软化，但除了一些专门为收获可食用种荚而培育的部分萝卜品种外，我并不推荐你食用老了的种荚。

✚ 种子：甘蓝类蔬菜的种子也是可以食用的，但最好的方式还是让它们发芽，可以将其用作速生绿肥作物，也可以作为嫩苗食用。当然你也可以让这些自留种长出的小苗长成更大的植株，但是甘蓝类蔬菜是出了名的杂交家族，它们相互杂交（甚至能与它们的野生近亲杂交），因此你采收的种子可能在基因遗传上非常混乱，长大后也会品相不一，大概率看上去会更像羽衣甘蓝的样子。不过话说回来，尝试去种植一下看看能长出什么也是件很有趣的事。

甘蓝类蔬菜丰收了吃不完怎么办？

✚ 虽然经过冷冻的甘蓝类蔬菜也是可以食用的，但它们会变得黏糊，口感不怎么样，只能用来炖汤。所以当你收获了大量甘蓝类蔬菜时，腌制它们是更好的保存方法。

不要过于整洁

作为野趣造园的倡导者，我建议在采摘甘蓝类蔬菜之后，保留一些植株让它们在冬天开花打籽。它们除了是各种野生动物难得的食物来源之外，还为寄生蜂提供了栖息地，这些寄生蜂会攻击卷心菜白蝴蝶。如果你能维持这些寄生蜂的数量，你的蔬菜就再也不用担心卷心菜白蝴蝶的侵害了。

抱子甘蓝

Brassica oleracea Gemmifera Group

播种：初春。
移栽：春末至初夏。
收获：冬季。
食用：现摘现吃。

抱子甘蓝虽然不是全世界最受欢迎的蔬菜，但却是我的心头好。我通常在料理它们的时候不加水，而是把它们和熏肉、大蒜一起翻炒。种出均匀又饱满的小甘蓝球确实不容易，但如果你也和我一样喜欢它们，那就值得一试。

种植提示

➕ 如果在初秋时剪掉抱子甘蓝的顶部，小甘蓝球将会在茎上均匀生长。这是市场上种植专家们常用的技术之一，可以获得更高的收益。

零浪费提示

➕不要忘记采收抱子甘蓝的顶端，它们长得很像小叶卷心菜。

产量

	每株	每平方米
总计	1千克	3千克
每次采摘	250克	750克

西蓝花

Brassica oleracea var. *cymosa* 嫩茎花椰菜
Brassica oleracea var. *italica* 青花菜

这里的名字可能会很容易混淆，因为西蓝花下面有很多品种，不只有青花菜，青花菜能形成一个大的花头，嫩茎花椰菜会形成许多较小的花头。罗马花椰菜（Romanesco）和新的西蓝花杂交品种可能也不太好区分。这个分组包含具有可食用花头的甘蓝类蔬菜（菜花除外）。

播种：初春（青花菜），春末（嫩芽花椰菜）。

移栽：春末（青花菜），初夏（嫩芽花椰菜）。

收获：夏季至秋季（青花菜），冬季至春季（嫩芽花椰菜）。

食用：现摘现吃。

产量

	每株	每平方米
总计	500克	1.75千克
每次采摘	50克	600克

种植提示

✚ 选择能延长采收期的品种进行种植，能让你在一年的大部分时间里都有收成。但确切的收成时间主要还是取决于地理位置和当年的气候条件。例如，许多西蓝花只有在经历寒冬后才会开花。如果不经历这种寒冷，它们甚至可能不会生长，即使它们生长，也可能口感不佳。不过不要灰心，市场上已经有一些不需要经历上述所谓"春化阶段"的品种可供选择。

✚ 它们的颜色和形状也各不相同，例如，有白色的花椰菜，还有造型非常奇特的罗马花椰菜等。有些品种的种植难度较大，因此建议从像"早紫斯普林（Early Purple Sprouting）"这样的经过市场验证的品种开始，然后再尝试其他品种，看哪种更适合你的口味和场地条件。

✚ 嫩茎花椰菜可以在地里保留将近一年的时间，幼苗期的品质会影响一整年的收成。像其他甘蓝类蔬菜一样，种植时需要对其进行加固，避免幼苗被风吹倒。甘蓝类蔬菜都可以从其茎上生根，因此不要害怕深植——但不要覆盖茎叶的生长点。额外的生根区将有助于形成一个坚固的植株。

✚ 由于它有如此长的生长周期并且需要较大的空间，所以非常适合与速生作物间作，或伴种一些可以增强土地肥力的绿肥作物。

✚ 所有的西蓝花都会长出一个大的中央花头和一些较小的侧芽。中央花头是其主要的产物，其他的都是"赠品"。但嫩茎花椰菜是个特例：它的中央花头相对较小，侧芽才是其主要的产物，而且侧芽会越采长得越多，只是个头会越来越小而已。最好在花苞比较紧凑的时候采摘它们，但即使开花了，也是可以食用的。

✚ 株间距会影响侧芽的形成——更宽松的间距会促进形成更多的侧芽。对于嫩茎花椰菜来说，保持稀疏的株间距可能反而是最有效地利用了场地，如果你同时进行了间作那就更完美了。

零浪费提示

✚ 虽然我的孩子们不爱吃，但我还挺喜欢的，而且我更喜欢吃的不是花而是花梗。在采摘时将花梗切得多一些，这样能充分利用植物。距离花朵越远的花梗越粗硬，食用的时候要多削去一些。

✚ 如果不能摘后即食，保存西蓝花的最佳方法是将其放在一杯水中然后放在冰箱里（就像插在水中的鲜花那样）。

西蓝花丰收了吃不完怎么办?

✚ 基本上我能第一时间吃完收获的嫩茎花椰菜，毕竟它登场于一年中新鲜蔬菜比较稀缺的时候。完美的食材只需简单的料理，用一点黄油煎熟，再加点盐和胡椒就是一道美味菜肴。

✚ 青花菜则不同，它口味较温和。它丰收的时候其他很多蔬菜也处于丰收期，这时你就会面临一堆剩菜。我喜欢将其烘烤后，加到沙拉里食用。

菜花

Brassica oleracea Botrytis Group

在我十二年的蔬菜种植生涯中，尽管种出过许多完美的作物，但我从未种出过完美的菜花。所以，如果你有足够的空间并喜欢挑战自己，那么可以尝试一下，否则集中精力去种植其他作物可能更合适你。

播种：预计收获日期前的6～9个月。

移栽：当幼苗长出3～4片真叶时。

收获：当白色花苞紧密且紧凑时。

食用：现摘现吃或腌制。

产量

	每株	每平方米
大菜花头总计	850克	2.5千克
小菜花头总计	300克	2.75千克

种植提示

✚ 要想种好，把握时机是关键。在大多数气候条件下几乎可以全年采收的品种已经被培育出来了，因此想在什么时候收获就决定了需要在什么时候播种。但在越来越不可预测的气候里，想要规划确切的收获时间并不容易。如果我们遇到了异常气候，那么本应该依次成熟的品种可能会全部同时成熟（或者根本不会成熟）。

✚ 自然授粉品种更不容易同时成熟。专业种植者希望尽快准备好大量货物以供客户选择，而作为家庭园丁，我们希望拉长收获期，收获一次能间隔几天。自然授粉品种的遗传多样性理论上有助于分散它们的采收时间。

✚ 现在有越来越多的、各种颜色的菜花品种：紫色的、橙色的甚至是黄色的。虽然我没有种过所有的彩色品种，但我发现它们普遍不像传统的白色品种那样强壮和高产。

收获技巧

我们吃的花头其实是一簇花蕾，它们很快就会开花，没有耐心给你时间慢慢采收。你需要在“太好了，它已经足够大了”和“哦，糟糕，它已经老了”的中间节点上采收，因此菜花的采收窗口相对较短。

✚ 几年前，我曾与一位育种者交谈过，他培育了一种绿色的菜花品种，据说是最耐寒、最抗虫病、味道最浓郁的菜花了，但他们根本卖不出去，因为人们更想要的还是白色的花球。之后有一家公司把绿色菜花命名为“西兰菜花”，试图用本来就是绿色花头的西蓝花形象来抵消消费者的保守心态。

零浪费提示

✚ 菜花采收时产生的褐色边缘是需要在料理前切除的，但千万别扔掉上面带着的叶子，它们也是很美味的。它们的叶柄比卷心菜的更强韧一些，需要更长的时间烹饪，我习惯将叶柄和叶片分开。先将叶柄切成薄片，蒸或焖，最后再加入叶片烹煮几分钟即可。

✚ 与卷心菜一样，在采收时尽量切割更多的柄，以便增加这种次要收成。

菜花丰收了吃不完怎么办？

✚ 由于菜花倾向于同时成熟，你很可能会在某个时候有大量的收成。单纯通过制作奶酪焗菜花来消耗的量也是比较有限的。

✚ 腌菜花依然能保持清脆的口感。如果能再加入一些鲜艳的辣椒和彩椒，它们在罐子里看起来就会让人很有食欲。

羽衣甘蓝

Brassica oleracea Acephala Group

羽衣甘蓝是生命力较顽强的物种之一，它能够承受设得兰群岛上那样的严酷气候。尽管在历史上它是英国北方地区获取维生素的主要来源，但在我们能进口多种多样的蔬菜来满足冬季需求之后，羽衣甘蓝逐渐失去了其最受欢迎的地位。现在，随着一些新的品种被培育出来，这个物种正被再次关注和赞美。

播种：初春。
移栽：春季。
收获：夏季至冬季。
食用：现摘现吃。

产量

	每株	每平方米
总计	900克	3.6千克
每次采摘	225克	900克

采收频率

每2~3周采摘一次。在极冷天气下生长速度会变慢。

种植提示

✚ 如果我只能种植一种甘蓝类的蔬菜，我一定会选择羽衣甘蓝。因为只要你不是生活在沙漠地区，只要土壤的条件合适，那么大多数年份里你都必定会丰收。它不容易受虫害和病害的困扰，也不会像有些甘蓝类蔬菜那样需要关键的低温或雨季才能形成一个花头或球茎——你要采摘的只是它们的叶子。

✚ 从坚韧的设得兰羽衣甘蓝（Shetland）到精致的意大利黑羽衣甘蓝（Italian black），它有丰富的品种可供选择。

✚ 羽衣甘蓝非常适合裸根移栽，在盆或穴盘中育苗也可以。

✚ 在采收时，我通常只采摘一些中等大小的叶子，这样随着植物的生长就能逐渐向上采摘更多的叶子。你还可以采收顶端芽头，它看起来像一个羽衣甘蓝的小苗，这会促进植株长出更多的侧芽，形成更多但更小一点的叶子。

零浪费提示

✚ 羽衣甘蓝的美妙之处在于，它可以在任何生长阶段采收：你可以采收嫩叶生食，或者让其生长至15~20厘米高后整株采收，或者采用传统方法，让其长到完全成熟的状态再采收叶子。

✚ 种植羽衣甘蓝的目标产物就是叶子，而叶柄则通常被丢弃到堆肥堆中。但即使是看起来又大又硬的茎，经过正确的烹饪，也能变得美味可口。以下是两种值得一试的方法。在此之前焯一下可以软化它们，减少其韧性。

✚ 将茎切成薄片，用少量黄油或油用小火煎炒变软，加入大蒜或香草来提味。

✚ 将茎切成短段（约2.5厘米），沾上面粉后炸。

羽衣甘蓝丰收了吃不完怎么办？

✚ 制作羽衣甘蓝脆片是处理大量羽衣甘蓝的绝佳方法。将叶子撕成小块，洗净晾干后，加入少许油，然后在低温烤箱（150℃）中烘烤约20分钟后添加香料、盐和胡椒粉调味。

✚ 羽衣甘蓝可以代替菠菜添加到几乎任何菜肴中，如饼、煎蛋卷，也可以作为制作青酱的原料。

卷心菜

Brassica oleracea Capitata Group

从春季松散的绿色结球品种，到冬季紧实的红色结球品种，各个季节各有适合种植的卷心菜品种，无论哪个品种都需要一定的空间和时间生长，如果你的空间充足，那就很值得一试。

播种：初春（夏卷心菜），春末（冬卷心菜），夏末（春卷心菜）。

移栽：当植株长到7厘米高时。

收获：在卷心菜结球之后，在其抽薹或开裂[一]之前。

食用：现摘现吃或腌制。

产量

	每株	每平方米
大菜球总计	1千克	4.5千克
小菜球总计	700克	2.75千克

[一] 许多原因都可以导致卷心菜开裂，如连日大雨、采收不及时等。——译者注

种植提示

✚ 大部分卷心菜的品种是耐寒且相对容易种植的，但是它们需要的生长周期比较长，而在地里生长得越久就越容易发生病虫害的问题。

✚ “春丽（Spring greens）”这个品种非常棒，它们可以在春末夏初的时候为你提供新鲜的食材，只需在冬季呵护它们的小苗即可。如果你没有大棚或温室的话，也可以通过使用玻璃罩来保护它们。

✚ 卷心菜已被培育成为耐寒作物，其中一些品种已经可以耐受长时间零度以下的低温，如“冬至之王（Mid-Winter King）”。但随着冬季变得越来越温暖和潮湿，我们的卷心菜也越来越容易面临冬季蛞蝓的危害。一旦蛞蝓进入菜心，它们会在我们看不见的情况下造成很多破坏。你可以剪去植株下方的一些老叶片来保持干燥和通风以降低受蛞蝓侵害的风险。

零浪费提示

✚ 收获卷心菜时，留下5厘米的茎。它还会长出一小簇新的芽头，也具有美味的口感，这样可以增加产能。

卷心菜丰收了吃不完怎么办？

✚ 所有品种都可以用来腌制，但我独爱用红色卷心菜。

✚ 用动物油或植物油把卷心菜煎熟之后与土豆泥和培根混合在一起。好吃到根本停不下来！

球茎甘蓝

Brassica oleracea Gongylodes Group

这种蔬菜并不广为人知，但它是我最喜欢的蔬菜之一。它的口感多汁脆爽有点像苹果，但味道像是西蓝花的茎。它并不难种植，可以在“饥饿季节”结束时早早产出一批食材。

播种： 初春播种，用于夏季作物；夏中至夏末播种，用于秋季作物。

移栽： 春末，用于夏季作物；夏末，用于秋季作物。

收获： 当“球茎”长到小拳头一样的大小时。

食用： 现摘现吃或腌制。

产量

	每株	每平方米
总计	150克	3千克

种植提示

✚ 种植球茎甘蓝的关键是定期均匀浇水。因为如果它缺水的话，茎就会变得很硬。你照料得越好，它就能长得越大，且不容易变得纤维化。

零浪费提示

✚ 球茎甘蓝的叶子也很美味，但很容易蔫掉，所以采摘后需尽快食用。

✚ 如果在球茎幼嫩时采摘，你可以连同外皮一起吃掉；而老一点的植株，即使果肉嫩滑，外皮也会变得很硬，最好把皮削掉再食用。

球茎甘蓝丰收了吃不完怎么办？

✚ 将它们刨成丝，加入沙拉或凉拌卷心菜中，或者切成薄片炒菜，都非常美味。

甜菜根[1]

Beta vulgaris

甜菜根通常被认为是冬季蔬菜，是较为容易种植的作物之一。我还喜欢将甜菜根作为夏季沙拉里增添色彩和嚼劲的配料：磨碎加入卷心菜沙拉中，或者稍微烤一下后和山羊奶酪以及核桃一起享用。

播种：春季或夏末，直接播种或在穴盘中育苗。

移栽：春末或夏末。

收获：夏季至冬季。

食用：夏季和秋季可以现挖现吃；贮藏以供冬季食用；腌制或冷冻保存后可供全年食用。

产量

	每株	每平方米
总计	150克	4.5千克

[1] 有些地方也称为“红菜头”等。——译者注

种植提示

➕ 像许多块根作物一样，甜菜根在生长期间不喜欢根部受到干扰。它们生长速度相当快，所以通常是直接播种无须移栽的。

➕ 如果你能保证移栽时足够小心，用穴盘育苗也是可以的。

➕ 每颗甜菜根的“种子”实际上包含2～5颗种子，虽然并非所有种子都会发芽，但在计算间距时需要记住这一点。

➕ 一个很有效的种植技巧是用穴盘育苗的时候进行多联栽培——在每个育苗穴位里放入两三颗种子——这可能会长出4～8棵甜菜根幼苗。在移栽时预留更大的间距（30厘米，而不是15厘米）。随着它们的成长，再通过间苗（间出的苗也可以吃掉）调整间距，最后每个点最多留下四棵植株即可。

➕ 如果直接播种，我倾向于先密植再通过间苗调整至最终间距。这样可以最大限度地利用空间，如果气候足够温暖，还可以在“青黄不接”的季节里产出小甜菜根这类早熟作物。每隔5厘米种一颗种子会有不错的效果，记得间苗，否则它们会相互竞争生长空间，这可能会导致它们提前抽薹。

➕ 虽然不能完全抵御虫害，但甜菜根微微的苦味意味着其叶子并不是蛞蝓的首选食物。在穴盘中育苗，等叶片长得大一些再移栽，可以进一步降低被蛞蝓咬食的风险。

零浪费提示

➕ 甜菜根与甜菜是近亲，怎么吃甜菜叶就怎么吃甜菜根的叶子。即使你计划稍后再料理甜菜根的根，也请尽快先食用其叶子。

➕ 如果你无法收获所有的甜菜根，就保留一些植株打籽并收集起来。它们可以立刻密集播种，在下一波种植的作物（如南瓜或刀豆）长大之前作为速生嫩叶菜被采收。甜菜根的嫩叶非常美味，不过你需要在它变硬之前采摘。甜菜根的花粉可以飘散数公里，因此你保存的种子可能无法维持品种性状的稳定遗传，但如果种植这些种子只是为了采收嫩叶的话，是什么品种其实也无关紧要了。

甜菜丰收了吃不完怎么办？

➕ 除了腌制——这种食用甜菜根的经典方式之外，你也可以将甜菜储存在贮藏窖中，或者在地下用稻草覆盖，从而避免长时间的低温冻害。

➕ 冷冻保存的效果也不错，冷冻前记得要先焯水或烘烤。

根芹

Apium graveolens var. *rapaceum*

我一直不明白为什么根芹没有流行起来。它是我最喜欢的蔬菜之一。它有点像蔬菜中的“天后”，需要细心的栽培才能获得丰收，但当成功收获时，你会发现一切努力都是值得的。

播种：初春，在育苗托盘或穴盘中育苗。

移栽：春末，株间距30厘米，行间距45厘米。

收获：秋季至冬季。

食用：秋季至冬季可现挖现吃；贮藏后可供冬季食用；腌制或冷冻保存后可供全年食用。

产量

	每株	每平方米
总计	150克	4.5千克

种植提示

✚ 根芹不喜欢干旱，特别是在早期生长阶段。早期即使短时间的缺水也可能导致后期提前抽薹。

✚ 根芹的种子很小，需要光照才能发芽，所以在播种时切记不要用太多堆肥覆盖种子。你可以在种子上稍微撒上一点点堆肥，或者将种子撒在堆肥表面，然后轻轻地压实即可。

✚ 在穴盘或育苗托盘中播种都可以，然后选择品相最好的幼苗进行疏苗移植。如果选择育苗托盘，那么在移栽时请务必小心一些，根芹在移栽时仍然很小，不太方便操作。所以我更倾向于选择在穴盘中播种，以避免这些精细的挑选和移栽操作。

✚ 发芽会有点快慢不一，早期生长缓慢，所以如果看起来进展不大，请不要灰心。关键在于保持足够湿润的堆肥，但也不能让种子变得太湿了，否则种子可能会发霉。有些堆肥表面看起来可能已经干了，但下方仍然是非常湿润的。

✚ 移栽后的根芹仍然不喜欢干旱。如果你的土壤是轻质沙壤土，最好能用覆盖物来保持湿度。根芹的根系较浅，所以在炎热的夏天很容易受到伤害。你需要定期浇水以确保植株长势良好并形成结实的块根。

✚ 在移栽时，你可以尝试更密集的株间距，以获得更多但小一点的收成；但如果它们开始相互竞争，就有可能导致提前抽薹。

零浪费提示

✚ 根芹的叶子生吃有点硬，可以慢煮后食用，它们具有浓郁的芹菜风味。在生长期的尾声，即使叶子变老了，我也会将其用于给汤调味。

✚ 大家食用根芹的时候一般会把皮削掉，这些皮通常会被当作垃圾丢掉，但其实除了底部的表皮非常难清洁无法利用之外，其他部位是完全可以食用的。可以将皮切丝或切成薄片，加入酱汁就着米饭一起吃。

根芹丰收了吃不完怎么办?

✚ 你可以生吃根芹，但这可能会导致消化不良。我最喜欢的料理方法是加入橄榄油、葡萄酒、大蒜一起长时间炖煮。如果你需要消耗大量根芹，炖汤就是最好的解决方法，我习惯在根芹汤中添加奶油或椰汁。

✚ 将根芹以高达50%的比例放入意大利肉汁烩饭中食用也是很棒的方式。

胡萝卜

Daucus carota

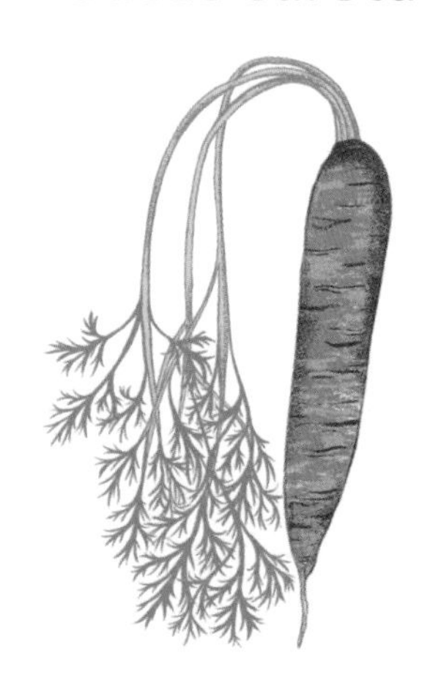

胡萝卜是最受欢迎的蔬菜之一，也是我家孩子一直都爱吃的蔬菜。胡萝卜是比较适合自己种植的，尽管蛞蝓喜欢吃胡萝卜的幼苗。但它一旦开始生长，就会迅速长大，且不再那么容易受到虫害和病害的侵扰，你唯独要提防的是可怕的胡萝卜顶茎蝇。

播种： 春季至夏末，直接播种。

移栽： 无须移栽。

收获： 夏季至冬季。

食用： 夏季至冬季可现挖现吃；贮藏、腌制、冷冻后可供冬季至第二年春季食用。

产量

	每株	每平方米
总计	50克	6千克

种植提示

✚ 胡萝卜是一种非常受欢迎的作物，有数以百计的品种可供选择。大部分品种都是橙色的，还有一些白色的品种。但最早的胡萝卜其实是黄色和紫色的。这些早期的颜色现在正在再次流行，除了颜色之外，你还可以选择不同的形状，甚至是适合不同季节种植的品种。因为品种实在太多了，所以产量很难一概而论，但预计每平方米可获得100株中等大小的胡萝卜，如果你不介意收获的胡萝卜小一些，可以将它们种植得更加紧密，这样的话每平方米甚至能达到175株的产量。

✚ 胡萝卜不适合移栽，因此最好直接在苗床上播种。如果你的土是重黏土，很难通过耕作改良土壤耕性，想种好胡萝卜的话可以尝试这个办法：挖出条播行（见“词汇表”），将种子撒在其中，用薄膜覆盖之后，再用堆肥覆盖，这能保证良好的发芽率，一旦植株开始生长，即使在重黏土中也能长大。选择根较短的品种来适应重黏土，尽管你可能会收获一些奇形怪状的胡萝卜，但它们同样是很美味的。

✚ 胡萝卜顶茎蝇是最大灾难之一。它们侵害胡萝卜的根并能钻洞进去，导致根变黑并发苦。最有效的预防办法是在作物上覆盖网膜，防止蝇类进入并产卵。如果你不想使用这种塑料制品，也有一些别的方法可以减少虫害的风险：一种是只种植早季胡萝卜，在胡萝卜顶茎蝇幼虫发育前就采收它们；还有就是通过在胡萝卜周围伴生种植其他有强烈气味的植物，如洋葱，来干扰借助气味找到它们的成年蝇；最后，在间苗时，尽量轻缓地操作，避免造成植物挫伤后释放叶片的气味，也不要将间出的苗留在作物旁边——产生的气味会吸引成年蝇来此产卵。

零浪费提示

✚ 胡萝卜叶也是可以食用的。如果它们比较嫩且非常新鲜，你甚至可以生吃它们。老了则最好是煮熟再吃。还可以将其切碎，用作欧芹的替代品，或者添加到肉汤和炖菜中代替（或同时添加）芹菜。

✚ 在冬季，如果你有带有顶部的胡萝卜头，可以将其顶部2.5厘米切掉，插入一盆土壤中（或一盘水中）继续培育。它所长出的嫩芽味道是非常鲜美的，也可以当作冬天里美味的新鲜蔬菜来食用。

胡萝卜丰收了吃不完怎么办？

✚ 有很多方法来储存胡萝卜，比如腌制、晾干、冷冻或是用贮藏堆保存，你无须担心会浪费它们。

✚ 它们还非常适合制成果汁或汤。

土豆

Solanum tuberosum

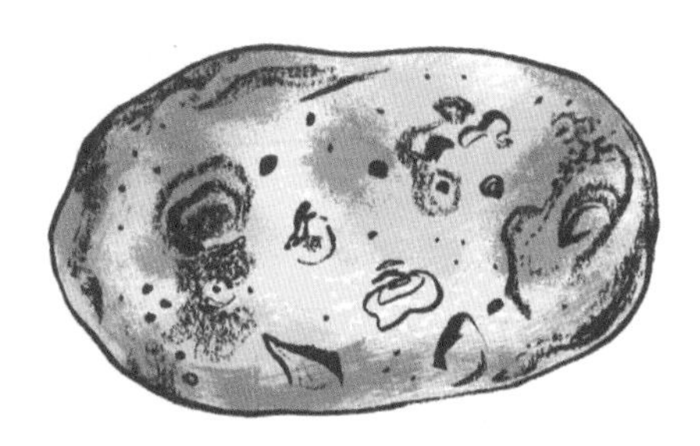

虽然土豆很容易种植，但它们的占地面积较大，而且在市面上直接购买也相对便宜。除非你有大量土地，否则我建议你集中精力种植一些早熟的土豆品种，或者种植一些在商店里不容易买到的特殊品种。

播种：初春（早熟品种），春季中期（其他品种）直接播种，行间距75厘米，株间距40厘米（早熟品种略微更近）。

移栽：无须移栽。

收获：夏季中期至晚期。

食用：夏末可以现挖现吃；贮藏后可供秋季至冬季食用。

产量

	每株	每平方米
总计	325克	2千克

马铃薯类型	成熟时间
早熟品种	10周
中早熟品种	13周
早熟主产期品种	15周
主产期品种	20周

种植提示

✚ 土豆非常适合机械化种植。这意味着专业种植者能够高效且低成本地生产它们。土豆也易于储存和运输。因此，尽管它们是很容易种植的，如果你不追求自给自足，我并不建议你大量种植它们。况且它们需要占用很多土地。

✚ 但也有一些例外。新鲜采摘的土豆实在太美味了，我总是为此忍不住要种一些。

✚ 除了气候非常干燥的地区之外，晚熟土豆面临的最大灾害就是晚疫病。因此，如果你自己种植土豆，请选择可以抗晚疫病的品种。一旦出现晚疫病的迹象，请将染病的叶子移除（叶子可以堆肥处理）。如果有感染的块根，它们引发的风险会更高一些，此时如果你有高温堆肥（见“译者附词汇表”）系统，感染的块根可以扔进去进行堆肥。切记不要将被感染的土豆留在园子表面，因为它们将成为其他种植者和后续年份里的感染源。

✚ 新鲜的土豆挖掘后可以立即料理食用。但如果你打算储存它们，那你需要先使土豆的外皮“硬化”，意思是在剪掉叶子后将土豆继续留在地里约两周时间。它们的外皮会稍微变硬，从而能更好地被储存。

✚ 要获得最大的产量，你需要及时给土豆浇水，有几个关键时期的浇水会带来明显的效果：种植块根时，土壤应保持湿润，以确保它们开始生长，但在初始生长阶段要注意控制水量，过量浇水会滋生病原体。新的块根开始形成是另一个关键时刻，你可以通过小心挖掘土坑，查找根部“膨大点”，以此来观察是否到了关键时期，一旦膨大点形成，就需要开始增加浇水量了，块根将迅速增大，此时如果没有足够的水分，不仅影响块根增大，还有可能让植株感染像疮疤病这样的疾病。浇水时尽量不要让叶子碰到水，因为这会助长晚疫病。

✚ 你可以把它们放在土壤表面并覆盖一层厚厚的稻草、堆肥或木屑。只要保证能遮挡光线并且保证湿度，你就会轻松获得丰收。

零浪费提示

✚ 你可以用土豆皮进行种植。在土豆的储存期结束时，大多数品种的土豆都会开始发芽。如果你将这些带有芽点部分的一小块土豆切下来，并将其移栽到盆中，它们将开始生长，最后一次霜冻过后将它们移栽到地里。

土豆丰收了吃不完怎么办?

✚ 土豆在冬季进入休眠期。储存它们的最佳方法是创造出尽可能长的休眠期条件。最好将它们放在凉爽（5~10℃）、黑暗且湿润（湿度95%）的地方。

✚ 为你的土豆做一个贮藏堆，让它们可以在凉爽潮湿的棚子里用纸袋储存一段时间。

小红萝卜

Raphanus sativus

尽管需要一些呵护才能获得最好的收成，小红萝卜仍是最容易种植的蔬菜之一。它的生长速度极快，种植后4~6周就可以收获。小红萝卜可以为沙拉增添清新的风味，也非常适合制作泡菜。

播种：春季至初秋，直接播种。每行1米种植20株，共5行。

移栽：无须移栽。

收获：播种后4~6周，直径2.5厘米时收获。

食用：春季至秋季可现挖现吃；腌制后可供冬季到第二年春季食用。

产量

	每株	每平方米
总计	5克	500克

种植提示

发芽很快是小红萝卜的一个优势，通常在播种后一周内就能看到发芽情况。你很快就能知道它们是否成功发芽了。为了充分利用这个优势，以下是一些建议。

✚ 小红萝卜不喜欢过于拥挤的环境，如果种植过于密集，它们就不会长大。如果你播种得太密集，需要尽快将幼苗间距拉开到至少5厘米。

✚ 干旱和极端高温对小红萝卜来说是灾难。它们很快会因此变得口感粗糙并迅速抽薹。除非是非常凉爽的夏季，否则我建议只在春季和秋季种植它。在缺乏雨水的情况下，定期浇水是必不可少的——每周浇水两次，需要彻底浇透。气候温暖的时候，盆栽小红萝卜基本上每天都需要浇水。

✚ 一旦成熟，小红萝卜需要迅速采收，因为如果放在地里太久，它们很容易变得口感粗糙。这就是为什么每隔几周就要继续播种少量的小红萝卜——这是整个季节中能持续收获小红萝卜的最佳办法。

✚ 值得注意的是，有些品种在春季比其他季节表现得更好——通常选择小圆红色品种（small round red）是没有错的。黑萝卜（black radishes）和日本萝卜（daikons）等品种适合在秋季和冬季种植。

零浪费提示

✚ 小红萝卜的叶子是可以食用的，但除非非常嫩，否则它们的质地相当粗糙，所以在沙拉中食用的效果一般。但添加到意大利松子青酱中则非常惊艳。

✚ 跟上小红萝卜的生长速度有一定难度。如果你没能及时收获它们，那就坦然让它们结种子吧，然后在种子仍是绿色的时候采收种荚。种荚也可以吃，它们的味道辛辣脆口。它们也可以腌制，特别是与根部混合在一起腌制，味道还是很不错的。

小红萝卜丰收了吃不完怎么办？

✚ 小红萝卜可能会产量过剩，因为它们往往会同时快速成熟。腌制或许是最佳选择。你可以将它们切成薄片，加入一些切好的青葱，然后倒上热盐水进行快速腌制。这样可以保存几周时间，直到你的下一批小红萝卜被采收。

芜菁甘蓝[㊀]

Brassica napus

播种：春末，直接播种，株间距20厘米，行间距40厘米。

移栽：无须移载。

收获：秋末至冬季。

食用：秋季至冬季可现摘现吃；贮藏后可供冬季至第二年春季食用。

芜菁甘蓝是那种应该重新流行起来的蔬菜之一。甘蓝在近年来受到了很多关注，但芜菁甘蓝仍然无人问津。我真心建议你种植一些芜菁甘蓝，它们种植简单、容易保鲜且用途较多。我特别喜欢吃用芜菁甘蓝和胡萝卜做成的刨丝沙拉。

种植提示

✚ 芜菁甘蓝需要较长的时间才能成熟，而且像大多数十字花科蔬菜一样，它们不喜欢干旱，因此虽然它们不难种植，但确实需要一些关注。

✚ 你可以直接在地里播种，因为芜菁甘蓝在晚秋和冬季成熟，可以在地里或存储室中安静保存，直到你需要食用它们。

✚ 它的种子比较便宜，播种时可以相对密集一些（每2.5～5厘米一颗种子），尽早间苗，保持最终株间距为20厘米。

✚ 适时施加覆盖物，及时浇水，将有助于确保丰收。

产量

	每株	每平方米
总计	300克	4.5千克

㊀ 也称卜留克、北欧根菜。——译者注

欧洲防风

Pastinaca sativa

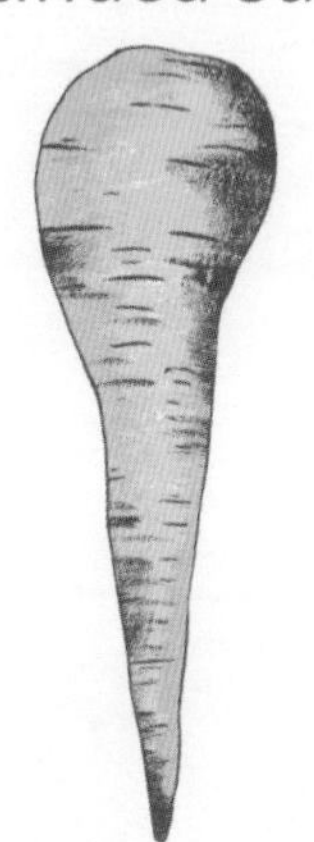

播种： 春季中期，直接播种。

移栽： 无须移栽。

收获： 秋季至冬季。

食用： 秋季至冬季可以现挖现吃；烘干、冷冻、储存后可供冬季至第二年春季食用。

虽然欧洲防风味道浓郁，带有一些土腥味，但它们确实非常甜美；在蔗糖普及之前，欧洲人曾将其用作甜味剂。尽管发芽不太稳定，但在适宜的环境里，欧洲防风能有很好的长势，一旦它开始生长，产量就会有保证。

种植提示

✚ 储存的时间越久，欧洲防风种子的发芽率就越低，因此最好使用新鲜的种子来播种。如果一定要使用陈旧的种子，可以通过密集撒种来弥补出芽率。

✚ 尽管许多园艺书籍都会建议你早播，但我劝你不要过早播种。因为，如果土壤温度过低，它们的种子会更难发芽，基本上只会烂在地里或被虫子吃掉。作为一名园艺爱好者，我们可以通过购买土壤温度计来检查土壤的温度。或者还有个免费的方法，就是我的园艺老师曾提出的“屁股测试”——如果你穿着内裤坐在地上，你觉得很冷，那对植物来说也是很冷的。

产量

	每株	每平方米
总计	100克	2千克

韭葱

Allium porrum

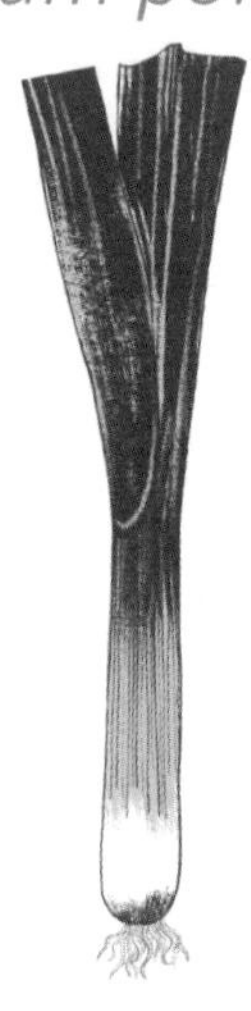

韭葱坚韧、耐寒且非常美味，我认为它们是必备的蔬菜。在适宜的气候下，新鲜的韭葱可以让你从夏末一直吃到第二年初春。自己种植韭葱最棒的地方就在于可以得到厚厚的绿叶，而商店卖的韭葱通常会被修剪掉这些绿叶，只保留白色的茎部。

播种：春季，在苗床上播种或用穴盘育苗。

移栽：春季或初夏。

收获：夏末至第二年初春。

食用：夏末至第二年初春可现摘现吃；冷冻、腌制后也供第二年春季至初夏食用。

产量

	每株	每平方米
总计	200克	3.6千克

种植提示

✚ 可以在园地中按照最终间距直接播种韭葱种子，但是它们生长缓慢，清除杂草将成为你的一项全职工作。所以更好的方法是提前育苗，等长到足够大的时候再移栽到最终位置上。你可以使用穴盘，但我更喜欢用填充好堆肥的箱子或者直接在地里育苗，这样一来，植物在移栽前就能长得较大，并且在天气条件不太适合时，也能减轻育苗的压力。用育苗块的话，如果在移栽前的时间过长，植物将会遇到生长空间不足的情况。

✚ 移栽时，使用点播器在土壤中挖一个约15厘米深的洞，然后将韭葱幼苗放入其中。韭葱幼苗非常坚韧，不必担心其根部会在移栽时受损。有些人甚至在移栽前会特意修剪根部和叶尖，以促进生长新根，但这并不是必要的。将幼苗放入洞中后，要充分浇水，这样会使周边的土壤填入洞中覆盖根部，确保它们能扎根良好。你挖的洞越深，韭葱的白色部分就越长，你甚至可以在韭葱生长的过程中不断往上覆土，以增加韭葱底部的白色部分。我个人更喜欢绿叶的风味，而且不想增加额外的工作量，所以我通常不会覆土，这个因人而异。

✚ 韭葱可能会感染锈病（在干燥的天气中更常见，保证浇水有助于防治）和白粉病（在潮湿的天气中更常见，可以通过加大间距加强空气流动来减少发病）。

✚ 最近，韭葱蛾变成了更大的灾害。解决这个问题的唯一可靠的方法是采用优质的防护网覆盖作物。强壮健康的植物有时在初次受到虫害攻击后能够重新生长。

零浪费提示

✚ 最好的零浪费技巧是吃掉整片韭葱叶。商业上往往会将很多叶子修剪掉，这让我很沮丧。绿色叶子的风味非常好，我更喜欢在酱汁和汤中使用它们。

韭葱丰收了吃不完怎么办?

✚ 因为大多数品种可以一直在地里放着直到你需要食用的时候，所以你可能不会遇到这个问题，但如果确实有这个问题的话，那就是汤，汤，汤。韭葱汤是我的最爱。

✚ 你还可以腌制韭葱，它们也可以冷冻——但在冷冻之前，请确保已经清除了所有的泥土，因为冷藏后再清除将更加困难。

葱

Allium fistulosum

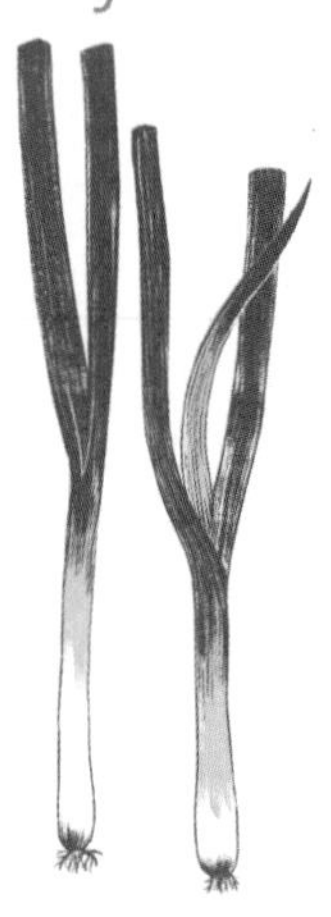

除了适合在生长较慢的植物之间间作，葱还能在洋葱和韭葱尚未成熟的夏季为你提供同样的葱类风味。葱在大多数情况下很容易种植，几乎无须烦琐的护理，可以在比较小的时候让你收获类似韭葱的叶子。

播种：春季至初秋，直接播种，株间距2.5厘米，行间距20厘米。

移栽：无须移栽。

收获：播种8～10周后。

食用：春末至秋季可现摘现吃；腌制、冷冻后可供冬季至第二年初春食用。

产量

	每株	每平方米
总计	10克	2千克

种植提示

✚ 葱与小红萝卜和莴苣一样，非常适合初学者和种植空间有限的人种植。它们生长迅速，挤在其他生长较慢的作物之间种植即可。

✚ 葱在盆栽中也有很好的表现，因为它们的根系比较浅，且不需要太多营养，你甚至可以在阳光充足的窗台上种植它们，只要有一个直径15厘米、深度12厘米的容器就可以了。

✚ 我喜欢像穆索纳（Musona）一样有些鳞茎的葱品种。早期可以作为葱苗采摘，或者让其继续生长，直到形成可口、温和的白色鳞茎。你可以密植播种，间苗时还能顺手收获一批可口的葱苗。

✚ 真菌性病害——霜霉病，这是葱易染的严重病害，如果你所在的地区气候比较潮湿，一定要注意选择具有此类病害抗性的品种种植。

✚ 由于葱发芽迅速，种植周期不长，所以我倾向于直接播种。也可以用穴盘育苗后再移栽，只是用这种方法种植的时候，株间距需要适当增大，最好增加到10厘米左右。

零浪费提示

✚ 分批采收葱是避免浪费的最佳方法。对于许多品种来说，采收后如果没有及时食用，葱的叶子就会变黄，这意味着你在厨房里要花费额外的力气和时间先剥皮，更别说还浪费了那些本来可以吃的叶子。

✚ 采摘后的葱保存时间并不长。你可以仿照鲜花的处理办法，把它们放在一杯水里，然后再把它们放进冰箱。

✚ 如果你需要一次性挖出大量葱，最好用迅速腌制或冷冻的方法保存它们。

葱丰收了吃不完怎么办?

✚ 葱适合腌制，它比大多数洋葱的味道略微温和一些。

✚ 你可以让一些有鳞茎的葱稍微长久一些后再采收，把整个鳞茎当成小洋葱来腌制和食用。

✚ 冷冻葱很快也很简单：切片后放入袋子或盆中冷冻即可。如果你想让它们保存得更久一点，最好先焯水。

大蒜

Allium sativum

我喜欢种大蒜。它很容易种植，虽然自己种的蒜头可能没有商店里卖的那么大，但味道很好。由于它在冬季生长，在仲夏前采收，所以很适合在播种晚播作物或绿肥作物之前用于轮作。

播种：秋末或冬季。

移栽：无须移栽。

收获：初夏，收获蒜苗（带绿叶部分）；仲夏，收获蒜头。

食用：夏季可现摘现吃；烘干后可供秋季至冬季食用；冷冻、腌制保存后可供冬季至第二年春季食用。

产量

	每株	每平方米
总计	50克	1.4千克

种植提示

✚ 大蒜需要在种植后经历两个月的寒冷期才可以形成蒜头。因此在大多数气候条件下，最好是在深秋或初冬种植它们。不要让大蒜在冬季来临之前长得太大，否则叶子可能会被风刮飞导致植株受损。

✚ 种植时只需将单个蒜瓣（尖端朝上）推入土壤中，只露出尖端即可。大多数书籍建议挖一个浅沟来种植，但我认为只要你的土壤没有被压实就没有必要这样做。如果被压实了，你需要担心的问题比如何将大蒜种入土中还要严重。

✚ 如果你园子里的土壤达不到要求，不要绝望，你可以将单个蒜瓣种植在户外的盆中。它们将在盆中生根和生长，春季之前任何时间都可以这样种植。

✚ 青蒜，即指蒜还没有开始变黄时鲜嫩的阶段，是花园种植中，夏季来临的第一个迹象。在那之后的任何时间你都可以收获大蒜，如果你打算长时间保存大蒜，最好将其留在土壤中，直到叶子枯萎之后再采收。

零浪费提示

✚ 不要扔掉干瘪蔫了的蒜瓣，它们一样可以发芽，你还可以水培它们，等它们生长出绿叶时，作为蒜苗用于沙拉或意面等菜肴。

大蒜丰收了吃不完怎么办?

✚ 大蒜也会收获太多？我不太确定！不过，如果你真的需要处理过量的大蒜，腌制是一个不错的方法。你还可以将大蒜切碎，用油或黄油包裹并冷冻成块。需要用时可以把它们放入你正在烹饪的任何菜肴中。

洋葱和红葱头

Allium cepa, Allium cepa Aggregatum Group

购买优质洋葱相对容易且便宜，但我仍喜欢拥有自己种植的洋葱。仔细选择适合的品种，再掌握良好的储存方法，你就能收获可以满足一年里大部分需求的产量，但如果你家像我们家一样也超级喜欢吃洋葱，那你就需要一个相当大的园子了。

播种：冬末或初春适合播种，用穴盘育苗。

移栽：初春适合种植葱头或移栽。

收获：夏末至秋季。

食用：夏末可现摘现吃；烘干后可供秋季至第二年初春食用；冷冻、腌制后可供第二年春季至初夏食用。

产量

	每株	每平方米
总计	100克	4千克

种植提示

✚ 用葱头（特别培育的洋葱鳞茎）种植洋葱是最简单的方法。移栽和除草都会变得很容易，也容易丰收。但要注意，这些洋葱的保存时间并不长。

✚ 红葱头的种植方式与洋葱相同，但不会形成那么大的鳞茎（见“译者附词汇表”），而是会分裂成多个较小的鳞茎。

✚ 如果你的目标是实现完全自给自足的洋葱供应，那需要用种子种植，这会稍微有些困难。用种子要比用葱头更早进行播种，以便让它们有足够的时间长大，因为它们的幼苗非常细弱，所以持续清除园子里的杂草是一项挑战。好在一旦种植成功，它们能产生更好的收成，而且，种子种出来的鳞茎能储存更久的时间。

✚ 最好在穴盘中多种点。虽说这样得到的球茎会稍微小一点，但能更好地利用空间，而且很可能总体上产量更大。但移栽时要小心，因为它们很脆弱。

✚ 如果你想要尽早收获，那就选择越冬日本洋葱（overwintering Japanese onions）这个品种吧，它们通常能比“正常”的品种提前几周收获。但我很早就放弃了这个品种，因为你必须在整个冬天持续照顾它们，保护它们免受风寒、虫害和冰雪的侵袭。

✚ 红洋葱的味道通常比白洋葱更温和，不过这也取决于季节，炎热干燥的年份它会形成更浓的洋葱味。如果你喜欢洋葱更甜一些，水浇得多一些就行了。

✚ 洋葱需要长日照和较高的温度才能生长到最佳状态，尽管它们在早期时更喜欢较为凉爽的气候。

零浪费提示

✚ 尽早食用是不浪费洋葱绿叶的好方法。但如果你希望更好地储存洋葱，那最好等到叶子枯萎后再挖掘，但这并不意味着你不能在此之前挖掘。洋葱的叶子也是非常美味的，可以切成碎末，作为沙拉或披萨中香葱的替代品。

✚ 如果你种植的一些洋葱开始抽薹，不要放弃，它们仍然是可以食用的，但你需要在它们把球茎上所有的营养吸收完之前将它们挖出。如果实在来不及，仍然有一种方法可以食用它们，就是收获花芽或嫩花苞。这些部位也可以烹制或腌制。

洋葱和红葱头丰收了吃不完怎么办?

✚ 除了新鲜食用，大部分洋葱是可以储存起来的。关键是要保持环境温暖干燥。它们干燥的外皮是天然的保护层，与块根作物或苹果不同，我们不需要在储存洋葱时保持空气流通。但要注意，你看不见它们是否正在腐烂，所以还是需要定期检查它们的。

✚ 腌制洋葱是非常美味的，它是组合腌菜的绝佳配菜，但干燥保存洋葱效果也很好，你不需要腌制或冷冻它们，除非你有很多洋葱即将变质或发芽。这在潮湿的季节或洋葱受到真菌感染时是有可能发生的。

茄子

Solanum melongena

茄子的生长有点不确定性，当它们长得好时，确实非常令人满足。细心呵护才能让它在较冷的气候中生长，不过新品种的研发和气候变暖让户外种植茄子的可能性越来越高了。我特别喜欢迷你茄子和细长茄子这两个品种，因为它们的成熟期较短。

播种：冬末或初春，需要保温措施。

移栽：春末或初夏。

收获：夏季。

食用：夏季可现摘现吃；腌制、做酸辣酱、冷冻保存后可供全年食用。

产量

	每株	每平方米
总计	900克	2.75千克
每次采收	300克	900克

种植提示

✚ 茄子的生长需要较长的时间和比较暖和的温度。这使得在寒冷的气候中种植它们会有些困难，但这并非不可能，只要你有能够加热的培育空间，如温室或大棚。

✚ 茄子的理想发芽温度为25～30℃。温度低至16℃的时候，虽然也是能够发芽的，但发芽的速度会比较慢，并且出芽率会变低。

✚ 种植茄子要趁早，最好是在晚冬或初春就开始播种，这样在移栽前它们有充分的时间长得更加茁壮。

✚ 茄子的植株能长得很大，虽然并不需要给它们设置攀爬架，但是随着茄子果实越长越大，这种重量很容易把茎折断，因此需要给它们增加一些辅助结构用于支撑。有些品种只需要一个支撑主茎的木桩即可，而有的品种则需要更多支撑点。盆景植物的支撑方法也有不错的效果，或者你可以用一些网格线自制支撑结构，水平放置，离地约45厘米即可。

✚ 株间距应为60厘米。浇水充足。当空气湿度不足时，还需要对叶面或地面喷水。

✚ 建议你限制一下每个植株上最终成熟的茄子总量。虽然结多少果实取决于土壤的健康状况和株间距，但如果让太多的果实一起发育，会让果实都发育不大，甚至有些果实根本无法成熟。对于果实较大的品种，建议让每株茄子发育出5个果实。通常情况下，植株也是会自行调节的——如果它没有足够的能量来产生更多的果实，花朵将会自动脱落。

茄子丰收了吃不完怎么办?

✚ 可以制作美味的香辣酱，也可以进行腌制。你需要用盐来让茄子脱水，并在腌制前先将其焯水。

✚ 这种蔬菜适合冷冻，但最好在冷冻前先烤一下。将茄子切成薄片或条状（取决于品种），烤至软化，再分成小块冷冻，冷冻的小块可以直接添加到调味汁或炖菜中使用。

蚕豆

Vicia faba

蚕豆是最耐寒、最早熟的豆类之一，它们非常容易发芽，大部分环境下都能有可靠的产量。最新的矮生品种甚至无须支架。它们对光照不足有一定的耐受力，尤其是早播的品种，在树木还未枝繁叶茂前就可以基本完成生长。

播种：冬末或早春的时候播种，育苗需要加温。

移栽：春末或初夏。

收获：夏季。

食用：夏季可现摘现吃；腌制、做酸辣酱、冷冻保存后可供全年食用。

产量

	每株	每平方米
总计	100克	1.6千克
每次采收	25克	400克

采收频率

每3～5天采摘一次。在干燥的天气里，采摘间隔需要适当拉长。

种植提示

✚ 蚕豆的种子较大且萌发速度较快（通常不到一周）。尽管它们更喜欢较暖和的气候，但也能够在较低的温度下发芽，甚至在7℃左右也能生长。这种植物本身也相当耐寒。

✚ 你可以在秋末播种，次年初春就能有所收获；或者在初春播种，春末收获。和越冬洋葱一样，我觉得越冬时照料它们是很麻烦的事，所以我更倾向于在春季种植。

✚ 需要15～20厘米的株间距，行间距60厘米，形成双行种植。

✚ 传统的品种往往长得较高，虽然有时单株产量会非常高，但往往需要增加一些支撑结构。我一般是在整个豆苗区域或行列之间放上支架，并在膝盖和腰部的高度绑上几根绳子，这样的架子可以扛得住比较强烈的风。

✚ 你也可以为每株植物单独设置一根支架，但我认为它们其实不需要那么多的支撑。

✚ 蚕豆喜欢凉爽的气候，需要充足的水分。在炎热的季节，一旦它们开始结荚，你就需要多多浇水，以确保能获得丰收。

零浪费提示

✚ 蚕豆的芽尖是非常可口的，在黑蚜虫出现之前摘取芽尖据说还有助于减少黑蚜虫的数量，它们是蚕豆的主要害虫之一。当植物长到约60厘米高时摘掉顶端，这也会促进植株生长侧枝以及变得更强壮。

蚕豆丰收了吃不完怎么办？

✚ 蚕豆又称兰花豆，新鲜或干燥的蚕豆都可以制作成美味的豆泥、豆汤、炸豆丸子[㊀]等食品。所有豆子几乎都可以用这几种方法处理。

✚ 烘干是最简单的保存蚕豆的方法。豆和豆荚可以一起烘干，将豆荚在托盘或架子上单层铺开，再放到温暖干燥的地方，如温室、多功能厅或阳光充足的窗台。一旦豆荚变干变脆，你就可以搓碎它们，取出干燥的豆子。通常我会将干豆继续晾干一段时间，之后再储存。

㊀ 豆泥制成的食品，常与面包一起吃。——译者注

青豆类

Phaseolus vulgaris 攀爬型青豆
Phaseolus vulgaris 矮生型青豆
Phaseolus coccineus 荷包豆

从超细的、像铅笔一样的品种，到扁豆，再到长达50厘米的大型荷包豆，青豆的形状和颜色范围是非常多样的。这个类别里也包括大部分的干豆。在我的园子里，绝对不能没有它们。

播种：春末，直接播种或在盆、穴盘中育苗。

移栽：最后一次霜冻后的初夏。

收获：夏末至初秋。

食用：夏季至初秋可现摘现吃；冷冻、腌制、烘干后可供冬季至第二年春季食用。

产量

	每株	每平方米
总计	150~200克	3.6~4.5千克
每次采收	25克	600~800克

种植提示

✚ 总体而言，这些豆类植物在土壤、气候和水分方面的需求都差不多。作为豆科植物的一分子，它们都具备固定氮的能力，所以不需要我们添加过多的肥力。它们喜欢在排水良好的土壤中生长，但是在豆荚开始形成后则需要大量的水分。

✚ 一旦豆荚开始形成，就要定期采摘。如果你让豆荚留在植株上太久，植物会认为它们生产种子的使命已经完成，会把精力放在自身生长和老去上，而不是继续孕育更多的花朵。不过，波罗蒂（borlotti）豆是个例外：你可以让它们一直生长，直到所有的豆都饱满且豆荚开始变干后再采收。

✚ 尽管各个品种之间会有一些差异（如荷包豆对空间的需求更高），但基本上株间距大约为15厘米，行间距为30~40厘米。

✚ 各个品种之间的重要区别之一是株型，大致分灌木状和攀爬状这两种。扁豆和豇豆两种株型都有，而荷包豆都是攀爬状的。灌木状的品种不需要任何支撑，攀爬状的品种需要一些可供攀爬的东西——可以是竹竿、格子架或玉米植株等。

✚ 尽管大多数人将竹竿等支撑物布置成A字形，但实际上，如果你布置成X字形，采摘豆子会变得更容易。毕竟如果是X字形，它们会挂在结构的外部，你可以看到它们并且很容易摘取，而不是挂在中间被遮蔽隐藏起来。

✚ 攀爬状的品种通常会比灌木状的产出更多的豆子，采收期也会更长。对于一些适合早播的灌木状品种，可以等到大部分豆子都成熟时，将整株植物拔起来再采摘豆子，这样地里又可以继续种植其他作物了。

✚ 一些品种（如波罗蒂豆）是专门为了方便干燥而培育的，实际上你可以干燥保存任何豆子。在收获期尾声，我经常会停止采摘，让植株产生最后一批豆子专门用于干燥保存。这对于保存明年计划种植的种子也是很实用的小技巧。

采收频率

每2~4天采摘一次。

在干燥的天气里，采摘间隔需要适当拉长。

零浪费提示

✚ 不要使用塑料或尼龙绳来支撑或捆绑支架。除了是为减少使用塑料以外，还可以帮助你省去很多麻烦，因为如果你使用天然可堆肥的绳子，如麻绳，那么在种植期结束时，你可以将整株植物和绳子一起拆下来，不用挑拣，全部扔进堆肥堆。

✚ 在豆荚嫩时采摘。虽然这会让总产量下降，但可以避免产生大量被浪费的豆荚，更重要的是，食用前你不必浪费精力和时间去除豆荚上的纤维化边缘（这在四季豆和一些扁豆品种上尤为明显）。

✚ 如果种植期结束时你没有及时采摘，那就干脆将豆荚留在植物上以便用于生产干豆即可。

青豆丰收了吃不完怎么办?

✚ 有时我会一盘盘地吃大量的豆荚，只用黄油、盐和胡椒即可。然而在丰收的季节里，你可能会同时收获大量的豆荚，所以有时即使大量食用也无法将其全部吃完。

✚ 留下一些植株不去采摘，用于生产干豆是延长收获期的最简单方法。

✚ 青豆经过腌制后也很美味，可以切段腌制（如果较大）或整颗腌制（如果相对较小）。也可以冷冻保存，只是冷冻后会失去一些美妙的脆爽口感，会变得有一点软趴趴。

菊芋

Helianthus tuberosus

播种：冬季，用块根种植。
移栽：无须移栽。
收获：冬季。
食用：冬季可现挖现吃。

这可能是最可靠的、适合种植的丰产蔬菜。它几乎没有虫害和病害的问题，而且产量非常高。你会遇到的最大问题反而可能是如何让它别长得太多。

种植提示

✚ 建议选择表皮光滑的纺锤（Fuseau）品种。表面多瘤的品种削皮会很麻烦，你会因此讨厌吃它们的。

✚ 如果每年都在同一地方种植菊芋，虽然它们能生长得很好，但块根会逐渐变小。因此，最好每两三年将一些块根移栽到新的地方。确保在移栽时没有断根残余，否则它们会在原地不断生长。

零浪费提示

✚ 菊芋与向日葵是近亲㊀，会开出黄色的花朵，可以作为插花使用。

菊芋丰收了吃不完怎么办？

✚ 我最喜欢的食用方式是熬汤，能消耗很多菊芋块根。

产量

	每株	每平方米
总计	2千克	12千克

㊀ 菊芋是菊科向日葵属多年生草本植物。——译者注

西葫芦

Cucurbita pepo

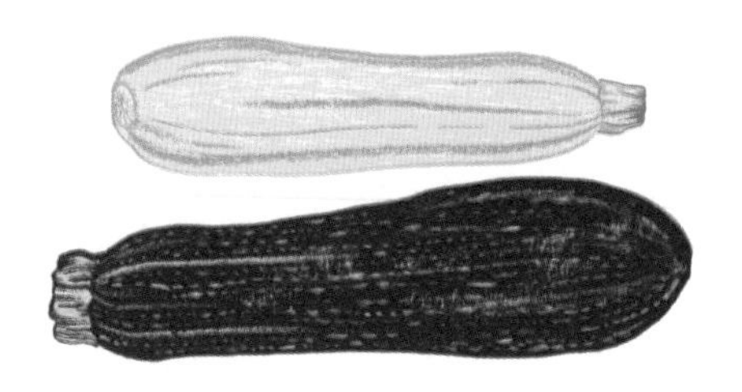

放弃对西葫芦做准确的产量预测吧。在收获期开始的时候，我迫切地希望它们能快点长出第一个果实，但随着它们的果实变得越来越大且越来越多，我却开始大喊“足够多了别再长啦”。最后，在收获期尾声一切都要结束的时候，它们终于不可避免地受到霜霉病和死亡的侵袭，我发现自己会对它们的离开而感到悲伤。

播种：春天，在盆里；初夏，直接园地播种。

移栽：春末夏初。

收获：夏季至秋季。

食用：夏季至秋季可现摘现吃；腌制、冷冻后可供冬季至第二年春季食用。

产量

	每株	每平方米
总计	3千克	9千克
每次采收	200克	600克

采收频率

每1~4天采摘一次。环境合适的话，西葫芦会长得非常快。

种植提示

✚ 在气温合适且没有蛞蝓侵扰的情况下，直接在园地播种的植株会长得比移栽的植株要好。不过最好还是先在温室中育苗，以保证它们有一个良好的起点。西葫芦在移栽后的前几周特别容易被风吹倒，因为幼苗已经习惯了温室里的舒适生活，所以在移栽到室外之前先炼苗（见“词汇表”）是种植的小诀窍。另一个小窍门是在幼苗生长时轻轻用手刷拂它们。这样可以模拟风，且有助于使植株变得更加强壮。

✚ 西葫芦植株会长得很大，所以需要给每株植物预留至少1平方米的生长空间。

✚ 西葫芦果实生长得很快，但我更喜欢吃小一些嫩一些的。所以我会经常采摘，避免之后被大量的大果淹没。

✚ 天气非常干燥的时候，西葫芦植物需要定期浇水，否则果实会发育不良。

✚ 西葫芦适合与较矮的白三叶草或黄车轴草一起种植。只要在早期阶段注意观察，确保绿肥作物不会太靠近西葫芦植株即可。一旦西葫芦开始生长，它将轻松胜过绿肥作物。

✚ 黄色西葫芦品种比绿色品种略显低调，倾向于产生较小的果实。

零浪费提示

✚ 西葫芦的花也可以食用。用奶油焗或油炸是其中两种高热量吃法。你也可以将它们添加到意面或炒菜中。采摘雌花的时期必须是西葫芦果实还非常小的时候，因为坐果发育之后花朵很容易凋败。雄花是一个很好的采摘食用对象，因为它们本来就没有别的用处。

✚ 西葫芦能在堆肥堆上长得非常好，前提是你有一堆“成熟的堆肥”，而不是仍在添加堆肥物的新堆肥。

西葫芦丰收了吃不完怎么办?

✚ 西葫芦的味道不浓，水分占比较大，所以烹调后体积会缩小。你可以将它们添加到许多调味汁、炖菜和汤中。

✚ 刨碎的西葫芦也可以添加到蛋糕或沙拉中。螺旋切削的做法也非常适合西葫芦。

✚ 西葫芦也可以冷冻保存，但解冻后会变得软糯。对于汤和炖菜来说是可以的，但作为独立的蔬菜料理来说则是不适合的。

黄瓜

Cucumis sativus

尽管超市全年都有供应，但没有什么比用新鲜采摘的黄瓜和自家种植的莳萝一起制作的酸奶黄瓜蘸酱更美味的了。黄瓜有很多适合种植在户外的品种，但最高产的品种通常需要特殊的保护措施。

播种：春季，使用盆播种。

移栽：春末或初夏。

收获：夏季至初秋。

食用：夏季至初秋可现摘现吃；腌制、冷冻后可供全年食用。

产量

	每株	每平方米
总计	3千克	12千克
每次采收	300克	1.25千克

采收频率

每2～4天采摘一次。

种植提示

✚ 黄瓜非常喜欢水。这使得在温室中很难同时种植黄瓜和番茄，因为番茄怕涝。定期在黄瓜叶片上喷水可以帮助提高空气湿度，还可以有效减少红蜘蛛的侵害，这种害虫喜欢黄瓜和温室里炎热干燥的环境。

✚ 虽然你非常急切地想要尽快种出一些果实，但你应在植物长到60厘米高之前摘除最早开的几朵花，这有助于植株后期的生长，因为这样可以使植物将所有能量都投到自身生长中。

✚ 关于修剪黄瓜有很多理论，甚至商业生产里使用的理论也不同。一般来说，你修剪和摘除的越少，未来的产量就越大，但植株生病的风险也越高：修剪侧枝会去除叶片，这意味着植物能支持结出的果实较少，但这也加强了空气的流通，从而降低了植株被真菌侵染的可能性。如果你喜欢重度修剪，那侧枝上有一两个果实的时候，就应该立即修剪，在每个果实之后留下几片叶子即可。

零浪费提示

✚ 新鲜的黄瓜花也可以食用，放在沙拉中或者作为夏日饮品的装饰都会很赏心悦目。

✚ 你可以通过修剪果实来防止植株过于拥挤，但千万别把剪掉的小果丢掉，它们脆脆的口感吃起来也很不错。

黄瓜丰收了吃不完怎么办?

✚ 虽说黄瓜可以冷冻保存，但这样会让它们变得软糯，不再适合制作沙拉，不过你仍然可以用它们来榨汁、做黄瓜酸奶酱或黄瓜冷汤。

✚ 腌黄瓜也很不错。小一点的黄瓜可以直接腌制，大一点的可以切片腌制。

豌豆

Pisum sativum

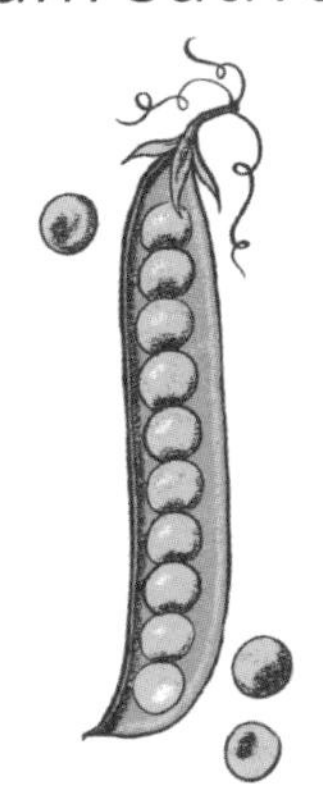

豌豆在采摘后很快就会失去它们的甜味，所以我通常会选择去购买速冻豌豆，这些豌豆是在采摘后几个小时内就进行加工和冷冻的。即使如此，吃自己种植的新鲜豌豆也是很值得一试的。我们家种的大部分豌豆还没有进入厨房就被我们吃掉了。

播种： 初春至夏末，直接播种或在盆与穴盘中育苗。

移栽： 春末至夏末。

收获： 夏季至秋季。

食用： 夏季至秋季可以现摘现吃；烘干、冷冻后可供冬季至第二年春季食用。

产量

	每株	每平方米
总计	100克	2千克
每次采收	20克	400克

采收频率

每2～4天采摘一次。在干燥的天气里，采摘间隔需要适当拉长。

种植提示

豌豆非常容易种植，但采摘和准备的过程相对较慢且烦琐。

✚ 密集播种，株间距为5～10厘米，行间距为45厘米。可以多种一些以防止部分植株意外死亡，不用担心种得太密，因为一旦它们开始攀爬，就会找到自己的生存空间。可以留心观察一下有多少植株长起来了，如果需要的话，下一年种植时再适当增加一些株间距。

✚ 鼠患是需要防治的问题。因为播在土壤或盆中的豌豆种子是鼠类很喜欢的食物。可以用织网覆盖穴盘，或者把它们放在老鼠无法爬上的架子上来防治鼠患。

✚ 豌豆和青豆一样，需要定期采摘来释放更多的产能，如果放任豆荚成熟，它们很快就会变得粗糙且坚硬。确保你采摘了所有的豆荚——是的，即使是隐藏在种植行中间下方的那些——否则植株将进入成熟阶段，产量将大大减少。

✚ 嫩豌豆（mangetout）和甜豌豆（sugar snap）这两个品种都要在豆荚嫩的时候采摘，以防止它们变得粗硬。

零浪费提示

✚ 豌豆的芽尖很嫩，拌在沙拉中非常美味。以前我种豌豆供应给厨师时，鲜嫩的芽尖是很值钱的。更棒的是，你能在豌豆植株幼小时获得大量的嫩芽，且不会严重影响最后你的豌豆总产量——它甚至还有助于让豌豆植株长得更加繁茂。我通常会一批又一批地种植豌豆，从中采摘芽尖，持续几个星期之后才允许其结果实。

豌豆丰收了吃不完怎么办?

✚ 在我们家，只要厨房桌上有新鲜的豆荚，所有人都会不停地拿着吃，根本不会有剩下的。

✚ 如果真的收获了大量的豌豆，腌制是非常完美的储存方法，嫩豌豆（mangetout）和甜豌豆（sugar snap）尤其适合腌制，冷冻也是可以的。为了确保最大限度地保留它们的风味，我强烈建议你在采摘后尽快处理它们。

辣椒

Capsicum annuum

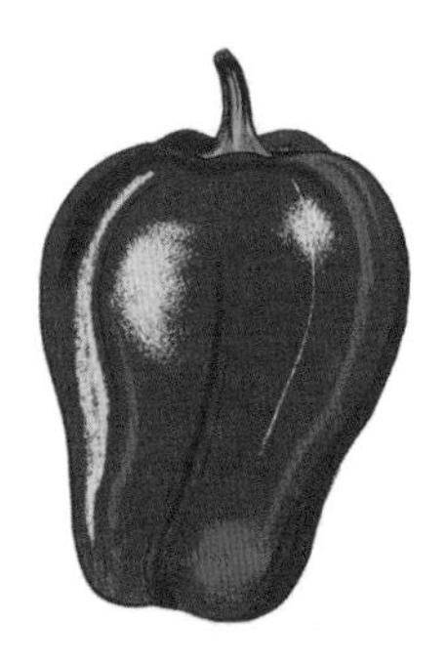

从难以下咽的超辣辣椒，到超市热销的甜美灯笼椒，辣椒的品种可太多了，自己种植的乐趣在于有机会吃到商店里买不到的那些品种。

播种： 初春，需要加温播种。

移栽： 春末，需要遮蔽保护；夏季，户外可直接移栽。

收获： 夏季至秋季。

食用： 夏季至秋季可以现摘现吃；腌制、烘干、冷冻后可供全年食用。

产量

	每株	每平方米
总计	1.5千克	4.5千克
每次采收	250克	750克

种植提示

✚ 辣椒喜欢温暖的环境，播种时温度应保持在18～24℃，夜晚寒冷的话则需要增加保温措施。

✚ 辣椒对日夜平均温度比较敏感，因此即使白天是温暖的，但如果夜晚较冷的话，也会减慢它们的生长速度。反之晚上保持温暖则有助于促进它们的生长。

✚ 这里的产量预估是以大甜椒（large sweet peppers）来做参考的。对于辣椒来说，种类千差万别，产量很难一概而论。小型辣椒可能只需要一株就能满足你对它们的需求。不那么辣的品种我通常会种两三株。“匈牙利热蜡辣椒”（Hungarian Hot Wax）是我最喜欢种植的中辣辣椒之一，它相对耐寒，并且产量可观。

✚ 只要你在种植期间补充一些液体肥料，保持浇水充足，即使种在盆里，它也能生长得很好。盆栽作物的优势在于方便移动，尤其是初春不那么温暖的时候，白天阳光好的时候可以将其移至室外，晚上降温的时候再挪回室内。

零浪费提示

✚ 辣椒的种子也是可食用的，但往往更辣，还可能带有苦味。

✚ 据说把辣椒碎末撒在植物周围可以预防一些侵袭，如老鼠。你可以使用老的或损坏的辣椒来驱赶这些不受欢迎的访客。

辣椒丰收了吃不完怎么办?

✚ 甜椒的冷冻保存效果良好：只需切片后在托盘上冷冻（为了延长保质期，可先焯水），烘烤后再冷冻效果也不错，先烘烤的好处不仅在于可以增加风味，还可以减少占用的冷冻空间。

✚ 甜椒和辣椒都非常适合腌制或发酵保存，可以单独处理或与其他食材一起处理。最好能标记处理时使用的椒类品种，以免加入太多超辣的辣椒而日后自己无法分辨——我说出这一点是因为曾有过被辣哭的经历。

✚ 保存辣椒最简单的方法是将其晾干。你可以将整株植物倒挂在温暖干燥的地方，然后随用随摘。一旦它们被彻底晾干，就可以将其放在密封的容器中保存。

南瓜

Cucurbita

零浪费南瓜的黄金准则是确保种植的是美味的品种。那些用于制作灯笼的南瓜在口感上水分过多，不太好吃。选择风味优良的品种可以让你既享受到美食，又能在万圣节制作灯笼。

播种：春季在室内；初夏在户外。

移栽：初夏。

收获：秋季。

食用：秋季可贮存2～5个月。

产量

	每株南瓜数量	个重	平均每株产重	平均每平方米数量
迷你型	5～10个	500克	3千克	4个
中型	2～5个	4千克	12千克	7个
大型	1～2个	8千克	14千克	9个

种植提示

✚ 种植南瓜需要的空间出乎意料得多。最大型的品种每株需要2.75米 × 2.75米的空间，即使是迷你品种，如“迷你小南瓜”每株也需要1.75米 × 1.75米的空间。不过不用担心，即使你的园子不是很大，仍然也有方法种植南瓜：例如，在南瓜小苗周围种一些如春葱或生菜这样的小型速生作物，等南瓜长大之后就可以把它们采收腾出空间；你也可以将南瓜种植在较高的作物中，如四季豆和玉米；你还可以在爬藤架上种植迷你小南瓜，以充分利用竖向空间——大型品种的果实太重，无法使用这种方法，即使是小型品种可能也需要加强结构支撑；当然你还可以在南瓜下种植白三叶草或黄车轴草等绿肥作物，这样一旦南瓜在第一次霜降中死亡，你富含氮的土壤上仍然会有绿色覆盖，接收阳光并积累营养。

✚通常南瓜直接在园地里播种效果会更好，只要土壤足够温暖（18℃），但要注意在秋季第一次霜降来临之前至少给足南瓜100天的生长时间。对于那些夏季较短且寒冷的地区，你可以在暖和点的室内播种，然后在最后一次霜冻过后把它们移栽到户外。移栽后要确保在最初的几周内保护幼苗免受风害。

✚ 南瓜需要大量水分，尤其是当你想要更大果实的时候。你需要在移栽时充足浇水以确保生根，果实形成后也需要定期浇水。

✚ 大多数南瓜品种从播种到收获至少需要100天。有些品种需要120天。请耐心等待，如果过早地收获了，果实反而很难保存。

零浪费提示

✚ 南瓜种子也可以食用，但那些经过特别培育、种子外壳很薄、无须剥壳、非常适合食用种子的品种，其南瓜果肉的口感通常不是很好——味道比较平淡且纤维较多。大多数可食用的南瓜种子有比较硬的壳，但非常脆。你可以用油、盐和香料烤制它们，味道还是不错的，但就是比较废牙。建议你可以选择如条纹南瓜、裸仁南瓜等可以兼顾无硬壳种子和美味果肉的品种。

✚ 南瓜花无论雌雄都可以生吃，加入沙拉，或做馅烤制皆可，油炸也是不错的选择。但要确保你已经保留了足够多的、已经成功坐果的雌花。有些品种的花吃起来可能会有苦味，所以最好先尝试一下再大范围采收它们。

南瓜丰收了吃不完怎么办?

✚ 如果条件合适，整个南瓜可以保存长达几个月时间。已经切开的南瓜如果没能及时吃完，也有很多方法可以保存。

✚ 你可以把南瓜做成泥冷冻保存，还可以把南瓜切成块状风干，在一整年中用来熬汤。

✚ 你还可以酿造南瓜酒。

番茄

Lycopersicon esculentum

番茄是你可以种植的最美味且最多作用的作物之一。你可以同时种植不同的品种，比如樱桃番茄和牛心番茄，以充分利用它们从拌食沙拉到制作酱料等不同食用方法上的优势。

播种：初春，室内播种。

移栽：春末，室内；夏季，户外。

收获：夏季至秋季。

食用：夏季至秋季可现摘现吃；冷冻、加工保存后可供全年食用。

产量

	每株（樱桃番茄）	每株（圆番茄/牛心番茄）	每平方米（樱桃番茄）	每平方米（圆番茄/牛心番茄）
总计	4千克	5千克	16千克	20千克
每次采收	200克	250克	800克	1千克

种植提示

✚ 种植矮生品种可以无须修剪侧枝。这些品种在户外种植时通常能更快结出果实。

✚ 如果你想在户外种植番茄，请选择有较短“结果天数”（通常在种子包装上标明）的品种。植株结果速度越快，越能在较冷的气候中成熟。

✚ 使用红色塑料薄膜覆盖——它透射的光有助于提高番茄中糖分的含量，从而改善番茄的口感。

✚ 大约每两天采摘一次，你也可以采摘一些没有完全成熟的果实，让其在室内继续成熟，这样可以减少采摘的频率。

零浪费提示

如果你生活在气候较冷或夏季较短的地区，你很容易获得一些来不及完全成熟的番茄果实。以下是一些使用未成熟番茄的方法。

✚ 制作绿番茄酱——你可以在大部分酱类食谱中用绿番茄代替成熟的番茄，但这样可能会没有用成熟番茄那么甜，也会损失一些风味。将绿番茄和红番茄混合使用是一种兼顾利用未熟番茄和口感的好方法。

✚ 煎炸绿番茄——切成薄片，裹上面糊，然后油炸或煎制。也许你会爱上这个味道并想专门为这种吃法去采收一些未成熟的绿番茄。

✚ 烤绿番茄——将番茄和肉一起烤，效果尤其好，也可以用橄榄油烹煮，同样非常美味。番茄比较大的话最好把它切成四瓣或切两半再烤。

番茄丰收了吃不完怎么办？

如果你擅长种植番茄，且同时种植了很多，那你可能会在一年里收获很多番茄，超过你在沙拉或披萨饼上的需求。这时你就需要把番茄保存起来，在冬季里慢慢食用。以下是一些方法。

✚ 番茄罐头——由于番茄的酸性很高，几乎不需要太多预处理就很容易制作罐头保存。你可以在瓶子底部加入少量的盐和柠檬汁，然后尽可能将瓶子装满番茄，倒入沸水，盖上盖子，最后将瓶子放入热水中煮约45分钟即可。

✚ 制作番茄酱也不难，往往会比买的更好吃。你只需将煮熟的番茄酱通过筛网或搅拌机处理成酱即可。

✚ 冷冻保存也有很多方法，以下介绍的方法可能是最简单的：将樱桃番茄放在托盘上，将托盘放入冰箱冷冻室即可。樱桃番茄会整个冻结，然后你可以将它们逐个取出并放入袋子或盆中冷冻保存以减少体积。当你需要时，只需逐个取出使用即可。对于较大的番茄，你可以先切成小块再冻结，或将其煮成番茄酱后分成小份再进行冷冻。

玉米

Zea mays

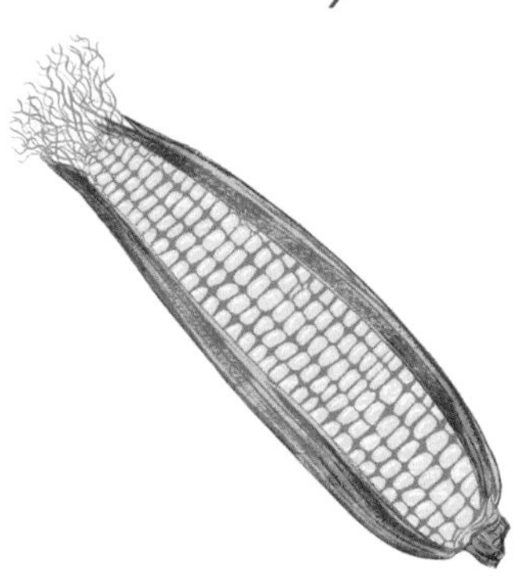

随着成熟期较短的新品种被开发出来，在较冷的气候中也能种出美味的玉米了。它们仅需要充足的阳光和肥沃的土壤就能丰收。请记得在收获后尽快食用，以保持其甜度。

播种：春季，室内种在盆中；初夏，室外直接播种。

移栽：初夏。

收获：夏末至秋季。

食用：夏末至秋季可现摘现吃；冷冻、腌制后可供全年食用。

产量

	每株	每平方米
总计	1棒	9棒
每次采收	1棒	3棒

种植提示

✚ 在温暖的春季直接在园地播种效果最好。土壤温度在15℃左右能顺利发芽。在稍微冷一些的地区，使用盆栽或大型穴盘播种是确保某些品种获得好收成的唯一途径。

✚ 玉米植株需要60～100天才能成熟，具体时长取决于品种，种子包装上一般会标明需要的时间。天气也会有一定影响，特别是在成熟阶段，充足的光照才能让玉米结实。

✚ 我说每个植株至少会结一个玉米穗是相对保守的，实际上可能你平均每株植物会收获1.5个玉米穗，第二个穗的成熟时间会稍晚一些。

✚ 玉米是风媒花，这意味着花粉有一定概率从植物顶部的雄花传到其他植物的雌花上。每根花穗将形成一个玉米颗粒。如果玉米穗上只形成了一半的颗粒，那意味着授粉不良。为了获得良好的授粉效果，你需要在一块地里种植多株玉米。

✚ 当花穗变成褐色时，就可以收获了。

✚ 像豌豆一样，玉米中的糖分很容易分解，所以玉米从植株上被采摘下来后，不论是直接料理还是冷冻贮藏，越早处理越好。

零浪费提示

✚ 在传统的南美种植方式中，玉米秆上会爬满豆类（还有蔓生的南瓜覆盖在地面上）。这种“三姐妹”种植系统在较为干燥的地区确实有很好的效果，但在较为湿润的地方，所有植物都生长得非常茂盛，叶子之间非常拥挤，效果就不那么好了。

玉米丰收了吃不完怎么办？

✚ 玉米往往同时成熟。所有的保存方法都需要先将玉米颗粒从玉米棒上剥下来——借助一把锋利的刀会很容易做到这一点，也可以购买专门用来完成这项工作的工具。玉米冷冻保存的效果很好，也可以制作辣酱和酱菜。

罗勒

Ocimum basilicum

谁最能代表夏季的味道？莫过于现摘的罗勒的香味。我喜欢将现摘的罗勒撒在刚出炉的披萨上食用，它在沙拉和意大利料理中也有举足轻重的地位。罗勒喜欢温暖的生长环境，只要满足这一点，种植起来还是非常容易的。

播种：春季至初夏，温室内，使用穴盘或盆育苗。

移栽：初春时移栽后需要保暖遮蔽；春末或夏季可直接移栽到室外。

收获：初夏，温室内；夏末至初秋，温室内。

食用：夏季至初秋可现摘现吃；冷冻、做成瓶装青酱保存可供全年食用。

产量

	每株	每平方米
总计	50克	1.25千克
每次采收	150克	3.6千克

采摘频率

每隔1~3周采摘一次。在寒冷的天气中，采摘间隔需要适当拉长。

种植提示

✚ 罗勒非常害怕寒冷：它的萌发需要至少20℃，甚至初始生长和成熟期都需要不低于这个温度。在种植之前，你需要尽量克制自己对新鲜罗勒的渴望，耐心等待最佳的采收时机。我之所以这么说是因为我曾经有过一次失败的罗勒种植经历，因为我过于急切地想采收它们，导致它们生长极其缓慢以至于严重影响收成。

✚ 在室内种植时株间距要在20厘米以上。室外种植时你可以种得更紧密一些，大约每平方米可以种植25株左右。

✚ 在园地中生长时，如果天气不是太炎热，罗勒可以长得很好，并且能提供6周至2个月的采摘期。如果能够阻止罗勒开花，采摘的次数将会更多。如果每次只采摘一些叶子，则可以更频繁地收获。剪取较长的茎意味着你需要给它更多时间重新生长。频繁采摘当然会促进再生，但过度采摘会让植物受到生长胁迫并提前抽薹。

✚ 在非常炎热的天气里，需要每2~3天给罗勒浇一次水，以防止它抽薹——但是它确实喜欢相对温暖且干燥的环境，所以也不能过度浇水。

零浪费提示

✚ 即使罗勒开始抽薹也不意味着种植迎来了终点。罗勒的花朵也是可以食用的，它们的味道比罗勒叶淡一些，但依然是美味的。你可以带着茎一起采摘，不过较低和较厚的部分口感会粗糙一些。

✚ 你有没有买过那种看起来长势旺盛的罗勒盆栽，但却失望地发现过不了多久它们就死了？这是因为商家为了更好地销售它们，将大量种子撒入盆中，使其看起来很饱满，但小盆中的养分不足以供那么多幼苗长久生长。处理这种情况的诀窍是，把罗勒盆栽买回家后立即将它们分成三四组重新种植到单独的大盆中或园地里。

罗勒丰收了吃不完怎么办？

✚ 我通常会选择制作青酱来处理过多的罗勒，如果你没有备齐做青酱的所有配料，也可以将罗勒叶子打碎后用大量的油或黄油包裹，冷冻成块即可。

地中海香草

Salvia Rosmarinus 迷迭香
Thymus Vulgaris 百里香
Origanum Vulgare 牛至
Salvia officinalis 白花鼠尾草

这些味道浓烈又耐寒的香草是地中海美食的基石，也是非常容易种植的作物。冰冻保存这些香料的叶子，可以让你在一整年里都能享受它们带来的新鲜风味。

播种：春季播种；或在春末扦插。

移栽：秋季。

收获：全年。

食用：全年可现摘现吃，也可烘干或与油混合后冷冻保存。

产量

	每株（百里香）	每株（鼠尾草/迷迭香/牛至）	每平方米（百里香）	每平方米（鼠尾草/迷迭香/牛至）
总计	40克	200克	320克	800克
每次采收	2克	10克	16克	40克

采摘频率

随时按需采摘，经常采摘可以促进植株长出新的枝叶。

种植提示

✚ 迷迭香的种子比较难发芽，但其他三种香草在适宜的温度下还是比较容易发芽的。其实你生活里用不到那么多香草，因此我不建议你用种子种植它们，购买幼苗进行栽植即可。

✚ 当你拥有这些植物后，可以很容易地在春季修剪出半成熟的枝条用于扦插，从而获得新的植株。牛至是一种多年生草本植物，可以在秋季进行分根繁殖。它们是短周期的多年生植物，每隔几年就需要栽种新的植株，否则植株底部会木质化导致产量下降。

✚ 为确保随时可以采收新鲜的嫩叶，在你不需要它们的时候也要对其进行修剪，这也能延长它们的采收周期，同时让它们长得更加整齐。定期修剪对百里香来说尤为重要，因为它木质化的速度很快，一旦木质化，食用百里香会变得非常麻烦。在此推荐一种简单的方法：每种香草种植3棵植株，每隔几周就修剪其中的一棵，这样你就会有处于不同生长阶段的植株以供随时采收了。

✚ 这些植物能适应贫瘠的土壤，大多数气候条件下并不需要人工浇水。但是它们需要充足的光照。

✚ 可以尝试种植一些变种，如柠檬百里香和菠萝鼠尾草，它们可以为你的餐桌增添一些不同的风味。

零浪费提示

✚ 别忘了它们的花也是可以吃的！这些香草的花朵都是可以食用的，可以生吃或作为调味品添加在别的食材中。这意味着即使植株开花，你仍然可以不断采摘收获。我特别喜欢百里香的花朵，它们除了具有百里香的味道之外，还有额外的浓烈香味。

香草丰收了吃不完怎么办？

✚ 为了确保你在需要时能随时采收这些香草，你需要种植比实际需要更多的植株，这可能会给你带来过量的收成。当然，你可以通过把它们添加到大多数泡菜、炖菜和汤中来消耗。或者像我一样，将它们视为装饰园子和吸引传粉昆虫的植物，不用过多考虑如何去食用它们。

✚ 白花鼠尾草叶煎食是很美味的，在热油中快速煎炸（10～20秒）之后，你就可以直接食用它们，或把它们撒在沙拉中或汤里。

✚ 可以将它们的花朵冻在冰块中，为你夏季的饮品增添装饰性。

欧芹和香菜

Petroselinum crispum, Coriandrum sativum

尽管长得不太一样，但种植香菜和欧芹时需要的技巧基本相同。连续播种将为你供应持续不断的新鲜叶子以供采收。除了收获叶子外，欧芹还可以收获块根，这两种草本植物的种子也是可以食用的。

播种： 初春至初夏，直接播种或使用穴盘育苗；秋季播种也可以。

移栽： 春季、夏季或秋季。

收获： 春季至秋季。

食用： 春季至秋季可以现摘现吃；冷冻或瓶装保存可供全年食用。

产量

	每株	每平方米
总计	150克	3.6千克
每次采收	50克	1.25千克

种植提示

✚ 持续播种并充分浇水是种植这类作物的重要技巧。

✚ 香菜是一年生植物，特别容易在干燥或炎热的气候下抽薹。建议选择“抗早熟”的品种种植，虽然它们往往并不能像承诺的那样“抗早熟”。香菜的株间距约20厘米，行间距为20～30厘米。香菜适合与长生周期长的蔬菜混种，因为它的发芽速度很快。香菜的种子很便宜，所以如果香菜妨碍了主要作物，直接拔除也无须心疼。每2～3周就播种一批香菜种子可以让你有持续不断的香菜供应。一般来说，香菜通常会在抽薹之前给你2～3次的采收机会。

✚ 欧芹较为耐寒，是二年生植物，但通常作为一年生植物栽培，因为我们种植欧芹一般来说是为了食用叶子。常见的欧芹品种如下：平叶欧芹、卷叶欧芹和巨型欧芹。如果某个品种是早熟的，那就可以在夏末播种，在初秋移栽。卷叶欧芹较为耐寒，可以尝试在地里过冬，它能在初春气温回暖时为你提供新鲜的香草。这类秋季播种的植株根部也能得到良好生长，以供在来年秋天挖出食用。

采摘频率

每1～3周采收一次。

零浪费提示

+ 香菜和欧芹的花也是可食用的，它们具有淡雅的风味，适合用于沙拉。

+ 香菜的种子非常美味。传统的吃法是在完全成熟和烘干后整颗食用或磨碎成粉。建议在种子还是青绿鲜嫩时采摘一些尝尝，这时候的种子会带有一种独特的清新口感，可以尝试在加芝士酱的面食或炒菜中使用。欧芹的种子其实也是可食用的，可以在大多数食谱中代替茴香籽。

+ 保留欧芹植株到次年就可以采收它们的块根了。“汉堡欧芹（Hamburg parsley）”就是特意为收获可食用块根而培育的品种。

欧芹和香菜丰收了吃不完怎么办?

+ 用黄油或其他油包裹后冷冻它们。
+ 可以用它们制作意大利青酱。
+ 让它们开花结籽。

薄荷

Mentha

播种：初春。
移栽：春季。
收获：春季至秋季。
食用：春季至秋季可现摘现吃；冷冻或瓶装保存可供全年食用。

采摘频率

按需采摘，经常采摘可以促进植株持续生长。

薄荷是比较容易种植的作物之一，它在园地里或盆中都能很好地生长。建议你经常采摘它们，如果是在盆中种植的话，每年都要进行分根和换土操作，以保持薄荷植株能够持续生长，不断提供新鲜嫩叶。

种植提示

✚ 大多数薄荷都可以用种子种植，但除非你需要特别特别多的薄荷，否则我更建议你去购买一株薄荷盆栽，然后让其长大并分根，薄荷长得非常迅速，很快就会有足够的薄荷供你使用。

产量

	每株	每平方米
总计	200克	5千克
每次采收	50克	1.25千克

籽类

Nigella damascena 黑种草
Helianthus annuus 向日葵
Foeniculum vulgare 茴香

虽然许多植物的种子都可以食用，但以下这些植物值得专门为了食用种子而种植。它们同样也很好看，因此你可以把它们作为观赏植物种在园子里的装饰区或蔬菜中间。只需记得在它们的种子成熟并散落到整个园子之前采收它们即可。

播种：春季，黑种草可以直接播种，向日葵和茴香在穴盘或盆里播种。

移栽：春末或初夏（向日葵和茴香）。

收获：夏末至初秋 。

食用：现摘现吃；或存放在干燥的密封罐中以供全年食用。

产量

	每株	每平方米
黑种草	3克	120克
向日葵	100克	600克
茴香	10克	120克

种植提示

有很多种子都是我喜欢吃的。植物们在种子中存放营养，用来滋养它们的“后代”。种子发芽的时候，幼苗会首先利用种子中储存的能量来生长，让新生的根系扩张找到营养，让长出的子叶张开找到阳光。

✚ 在你尝到它们美妙的口感和特殊的香气时，你就会明白为了获得种子去种植这些植物是值得的。

✚ 黑种草是一种令人惊叹的植物。我的园子里长满了自然生长的黑种草，我根本不用专门去种植它们，每年只需在种子成熟时采收即可，采收的时候会留一些在植株上，用于下一年的种植。种植黑种草也很简单，只需将种子撒在裸露的地面上，轻轻耙一下基本上就可以确保收成了。

✚ 向日葵需要更多的关注。它们能长得很大，尤其是那些适合产出种子的大头向日葵品种，需要打上支架防止倒伏。鸟类也喜欢吃种子，所以你要在种子彻底成熟前就采收它们。你可以整株收割，然后将其倒挂在干燥的地方让种子继续彻底成熟。

✚ 如果你想要大量的茴香种子，最好不要让它们在园地里随意生长，而是要有意为采收种子而辟出一片专门的区域。我更倾向种植多年生的茴香，因为可以先收获叶子作为香草，然后再采收种子。

籽类丰收了吃不完怎么办？

✚ 如果你有太多向日葵种子，可以将它们加入面包中或轻微烤一下用于沙拉。

✚ 黑种草种子加在炒菜和咖喱中非常美味。

✚ 如果你真的有太多种子了，可以将它们撒在园子里去种植出一片花海。

醋栗㊀

Ribes rubrum

播种：无须播种。

移栽：在秋末或冬季休眠时。

收获：夏季。

食用：夏季可现摘现吃；冷冻或做成果酱保存可供全年食用。

醋栗是一种美味的水果，我喜欢直接在灌木丛上现摘现吃。如果你喜欢水果布丁或果酱，那么红醋栗是必不可少的选择，它们在大多数情况下很容易种植且产量丰富。

种植提示

✚ 黑醋栗是最容易种植的果树之一。黑醋栗的高度和直径可达2米，而白醋栗和红醋栗则可能达到1.5米。

✚ 灌木需要定期修剪，以确保能获得良好的收成。一般来说，每年需要剪除1/3的枝条。

✚ 鸟类也喜欢吃醋栗，因此最好覆盖一张网。

✚ 醋栗植株可持续8～10年结果，然后产量会逐渐减少，这时你需要换新植株。如果你的醋栗灌木是健康的，那就可以从现有的灌木中剪取硬枝扦插以得到新的植株。

醋栗丰收了吃不完怎么办？

✚ 制作果酱是个不错的选择，而且醋栗的浓郁风味使它们非常适合制作饮料或酒。

✚ 你可以将它们晾干用于香料茶、燕麦片和饼干。也可以通过冷冻来保存。

产量

	每株	每平方米
黑醋栗	4.5千克	2.25千克
红/白醋栗	3.6千克	1.75千克

㊀ 茶藨子属的物种一般都可以叫醋栗，我们熟知的“黑加仑”就是黑醋栗。——译者注

甜瓜

Cucumis melo

播种： 春季，在盆里播种；在气候较炎热的地区，可以直接在园地里播种。

移栽： 初夏。

收获： 夏季至初秋。

食用： 夏季至初秋可以现摘现吃。

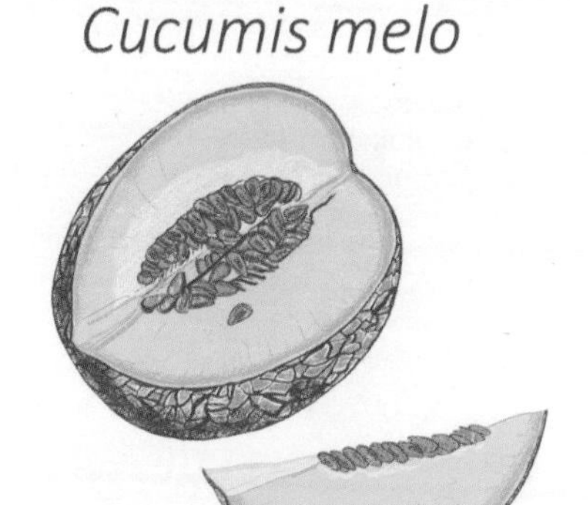

新鲜、完全自然成熟的甜瓜美味无比。它们喜欢肥沃的土壤、温暖的气候和充足的水分。在较冷的气候条件下，它们需要一个温室或大棚。

种植提示

✚ 新品种使得在北方种植甜瓜更容易了，但仍建议栽培那些成熟时间较短的品种。

✚ 甜瓜的适宜发芽温度为25～32℃，生长需要温度在21℃以上。如果夜间温度连续降至10℃以下，果实将失去风味。

✚ 天气非常炎热的话，可能会导致花朵脱落。但当天气再次变得凉爽，植株是可以自行恢复的。

✚ 甜瓜喜欢低频但充足的浇水。每周需要给它们进行一至两次充分的灌溉。

零浪费提示

✚ 甜瓜不容易保存，所以请尽快食用或加工处理。

甜瓜丰收了吃不完怎么办？

✚ 甜瓜榨汁非常美味，也可以用甜瓜制作冰淇淋。

✚ 可以将甜瓜切片，用风干器或低温烤箱制成甜瓜干。

产量

	每株	每平方米
总计	6千克	3千克
每次采收	2千克	1千克

覆盆子

Rubus idaeus

播种：不适用。

移栽：冬季。

收获：夏季或秋季——具体时间取决于品种。

食用：夏季至秋季可现摘现吃；做成果酱保存可供全年食用。

覆盆子非常容易种植。这些植物适合与鸡一起养，因为鸡会吃掉茶翅蝽的蛹，同时还能为土壤增加肥力。

种植提示

✚ 覆盆子不会长成灌木，而是会通过地下的纤匐茎蔓延生长。所以给它们分配一个专区，让它们在里面自由生长比较好，不要过于限制它们的范围。

✚ 夏季结果型——也称为“莓蔓”，果实结在前一年的蔓延枝上。 秋季结果型——也称为“新蔓”，果实生长在当年生的蔓延枝上。

✚ 主要的害虫是茶翅蝽。很容易就能发现它们，因为被它们侵害的地方会变成褐色或黑色，并且会皱缩。在春季和初夏的时候，可以用锄头松土，使幼虫浮出地面，让鸟类吃掉它们。

零浪费提示

✚ 覆盆子叶可以用来泡茶（该茶不适合孕妇）。

覆盆子丰收了吃不完怎么办？

✚ 将果实晾干，用于泡茶或添加到谷物早餐中。

✚ 覆盆子可以冷冻保存或用于制作果酱。

产量

	每株	每平方米
总计	500克	2.75千克
每次采收	90克	540克

蓝莓

Vaccinium uliginosum

播种： 不适用。

移栽： 秋季或冬季，在它休眠的期间。

收获： 夏季。

食用： 夏季可现摘现吃；冷冻或做成果酱保存可供全年食用。

你的园土不是酸性土壤就无法种植这种水果，所以在盆器中种植是个不错的选择。

种植提示

✚ 种植蓝莓前最重要的事情就是检测土壤的pH值。它们喜欢酸性的土壤，pH在5～5.5之间，最多可以勉强适应pH=6，如果你的土壤比这更偏碱性，那么请使用酸性堆肥，把这些植物提前种植在酸碱度适合的容器中。

✚ 尽量收集雨水灌溉蓝莓，尤其是如果你所在的地区水质偏硬的话，因为硬水含有比较多的钙，这会使水质偏碱性，经常使用这种水会让园土的pH值升高，而雨水一般是呈酸性的。

✚ 蓝莓需要修剪，每年要把大约1/3的枝条从基部剪除。

零浪费提示

✚ 蓝莓果实不会同时成熟，因此你需要经常观察，定期采摘。

蓝莓丰收了吃不完怎么办？

✚ 可以加入任何蛋糕或甜点中，也适合冷冻保存。

产量

	每株	每平方米
总计	3～8千克	750克～2千克
每次采收	750克～2千克	200～500克

草莓

Fragaria × ananassa

草莓可能是完美的入门级水果，非常容易种植，几乎能保证种植后的首年就能有所收获。它们在园地或盆中都能茁壮成长，所以即使你只有一个阳台，也可以尝试种植草莓。我喜欢小巧的高山草莓品种（little alpine），尽管采摘的难度比六月份收获的品种（June-bearing）更大一些。

播种： 冬末（高山草莓品种）。

移栽： 春天或夏末（纤匐茎分株）。

收获： 夏季。

食用： 夏季可现摘现吃；做成果酱保存可供全年食用。

产量

	每株	每平方米
总计	300克	1.75千克
每次采收	125克	300克

采摘频率

每隔1～3天采摘一次。天气越热，草莓果实成熟得就越快。

品种

草莓有四大品系。

小型的高山草莓品系：可以通过种子种植，作为地面覆盖物种植在树木或较大的灌木周围，或种植在园地的边缘。它们能持续多年产出果实（随着年龄的增长，果实会变得越来越小）。

六月结果的草莓品系：在初夏产出一大批水果。如果你想要大量储存草莓果实，这个品系是非常适合你的，因为所有果实都会同时成熟，便于采收。

四季结果的草莓品系：理论上全年都会结果，尽管实际上通常是两个主要的收成季节夹带中间阶段相对零散的采收。

日中性草莓品系：是改良过的四季草莓品系，夏季中有三波主要的收成时期。

种植提示

✚ 每平方米种植至少6株草莓，株间距大约30厘米，行间距约60厘米。

✚ 草莓果实非常容易腐烂，所以需尽量保持干燥。历史上，人们会把草莓种在稻草上来保持干燥，这种方法效果不错。堆肥时用木屑也有助于保持土壤表面干燥。

✚ 种植在土垄上是保持草莓干燥的另一种方法，它还有另一个优点，就是果实会悬挂在土垄的侧面，采摘时更容易看到。如果使用土垄种植，我建议你在植株周围留下一个小坑；否则，浇水时水会顺着土垄流下并远离植株。

零浪费提示

✚ 草莓的茎和叶都是可食用的，虽然并不是特别的美味，但如果你在制作果汁或果昔时顺手保留茎叶，可以节省准备的时间并减少浪费。

✚ 草莓植株会长出纤匐茎，如果条件允许，这些茎将会在周围的土壤中生根。为了让你的主植株保持生产力，这些茎需要被剪掉。但与其把它们全部扔进堆肥堆，不如让它们生根后再剪掉，这样就能把它们移栽成新的植株了。

草莓丰收了吃不完怎么办?

✚ 冷冻保存的效果还算不错，但与大多数软果一样，冻出来再化开就会变得黏糊。这对那些对食材颜值没有要求的配方来说倒是可以接受的。

✚ 如果有足够的时间和空间实现冷冻，那做成草莓冰淇淋和草莓冰沙都会非常棒。我最喜欢的简易甜品之一是将一堆新鲜草莓捣碎，与一些希腊酸奶混合——再撒上一些坚果或可食用的种子会更好。

✚ 尝试将草莓晒干，这样可以得到风味更浓郁的零食。

苹果和梨

Malus domestica, Pyrus spp.

苹果和梨是比较容易种植的果树，它们能适应多种气候和环境条件。如果你没有太多空间，小型的果树品种也可以在盆里茁壮成长，或者将它们沿着墙壁或围墙栽植，以充分利用你的园子。

播种：不适用。

移栽：冬季休眠时（裸根苗）；全年（盆栽苗）。

收获：夏末至冬季。

食用：夏末至冬季可现摘现吃；贮藏后可供冬季至第二年初春食用；制成罐头后可供全年食用。

产量

	每株	每平方米
小树品种	11～18千克	1.2～2千克
大树品种	90千克	7.5千克

种植提示

✚ 尽管不同的品种之间有大小差异，但这类果树的最终大小主要由嫁接的砧木来决定。对于盆栽或小型园子来说，更适合选择矮一点的砧木。如果你有足够的空间，选择更有活力的砧木将会给你一棵更大、更强壮的果树。

✚ 土壤品质也会影响果树的大小。强壮的砧木能弥补贫瘠土壤带来的不足，而较弱的砧木在肥沃的土壤上也会健康成长。

✚ 更有活力的砧木会产出更优质的果实。我的果树专家马修·威尔逊（Matthew Wilson）来自英格兰苏塞克斯，他建议我先将较小、较弱砧木上的果实卖掉，将较有活力的砧木上的果实保存起来，因为这些果实能保存得更好。

✚ 苹果和梨需要杂交授粉。对于我们大多数人来说，邻居的园子或树篱中的野生苹果树已经足够进行授粉了，但如果你“孤立无援”——距离最近的苹果树都有几公里之遥，那么在购买果树之前请确认其授粉的条件。

✚ 我不敢对应该种植哪个品种给予太多建议，毕竟全球估计有超过7000个苹果品种。除了选择一棵强壮可靠的树苗之外，它不太需要复杂的种植操作，也无须费心对病虫害进行防治。尽量别选那些非常古老的品种，它们往往是因为有非常好的特性才被选育为传统作物的，但可能产量方面却跟不上现代人的需求。然而，那些非常现代的果树品种也不一定能在你的园子中表现优异，因为它们之所以被选育出来，是为了能更好地适应高成本的设施栽培系统。

✚ 将你想要的一切都种植到园子中永远是一个难题。为了充分利用空间，苹果和梨很容易塑形。可以将它们作为单株的“行道树”沿着苗床边缘种植，或者作为扇形遮蔽物定植于篱笆、栅栏或墙壁边上。

✚ 不要因为这些果树需要修剪而打退堂鼓，修剪其实是很容易学会的技巧。

苹果和梨丰收了吃不完怎么办？

✚ 小量多余的水果可以用于制作烤馅、罐头或蛋糕。苹果切成薄片烘干后也非常美味。

✚ 一旦果树真正开始结果，基本上吃不完，那时唯一的方法是把多出来的水果用于榨汁。一般来说，每千克的水果可以榨出0.5升的果汁。你可以立即饮用它们，或将其存放在冰箱中继续保存几天。如果想让果汁保存的时间更长，你需要对果汁进行巴氏杀菌处理。量不大的话，用一口小锅就可以实现。

✚ 小型榨汁机很容易购买，或者一些地区有那种社区榨汁活动，你可以把你的果实带去让他们帮忙榨汁，一些公司还提供罐装服务。如果你有足够多的水果（如250千克），他们还会单独为你榨汁。量不多的话，还可以选择与别人的一起榨汁，那样的话你可以分到一部分混合果汁。

✚ 你也可以尝试酿制苹果酒（在美国称为硬苹果酒）。这不仅会消耗大量的苹果，还可以充分利用那些受伤受损的果实。

李子

Prunus spp.

播种：不适用。
移栽：冬季休眠时（裸根苗）；全年（盆栽苗）。
收获：夏季。
食用：夏季可现摘现吃；制成罐头后可供全年食用。

种植李子是初学者的好选择。它们不需要怎么照顾，是颜色鲜艳的水果之一。

种植提示

✚ 在种下的第一年要把水浇足：每隔几周浇透一次水，然后用有机覆盖物覆盖。

✚ 你可能会遇到一个哭笑不得的苦恼，因为长满果实的李子树非常容易因太重而折断自己的枝条。虽然这不是一定要去做的操作，但在丰收的年份里还是建议你移除1/3的幼果，让果实之间保持约7厘米的间距即可。

✚ 在春末夏初修枝。

✚ 在采摘时要小心，因为黄蜂也钟爱李子。

零浪费提示

✚ 为了最好地利用空间，可以种植紫叶李（*Prunus cerasifera*）。它能形成茂密的树篱，同时还能结出美味的小李子。

李子丰收了吃不完怎么办？

✚ 李子可以制成罐头，或者晒成李子干。

✚ 还可以将李子制成各种饮品。

产量

	每株	每平方米
小树品种	10～15千克	2～3千克
大树品种	18～25千克	2～2.75千克

葡萄

Vitis vinifera

播种：不适用。

移栽：春季。

收获：夏季至初秋。

食用：夏季至初秋可现摘现吃；制成罐头后可供全年食用。

葡萄在我心中有特殊的地位。如今超市里充斥又硬又乏味的葡萄，因此品尝到自家种出的美味葡萄是很令人欢喜的体验。

种植提示

✚ 用于酿酒还是用于食用决定了品种的选择。白葡萄品种适用于寒冷的地区，即使没有漫长的炎热夏季，也能获得可观的收成，实在不行的话也可以在温室和大棚中种植。含籽的食用葡萄品种通常较为耐寒。

✚ 葡萄是攀缘植物，需要框架支撑。葡萄藤具有可塑性，你甚至可以让它自己的枝条长成一个框架。

✚ 将葡萄枝条修剪得稀疏一些有助于结实。

零浪费提示

✚ 尽管我们只吃葡萄的果实，但葡萄叶其实也是可以食用的。你可以用它们包裹食材、添加到炒菜或煎蛋中，还可以用来代替菠菜。

葡萄丰收了吃不完怎么办？

✚ 用来酿造葡萄酒，或榨取新鲜美味的葡萄汁，还可以制成葡萄干。

产量

	每株	每平方米
总计	5～10千克	1.6～3.25千克

索引

李子

词汇表

土壤耕性——苗床的土壤结构。例如，适合播种胡萝卜的土壤耕性是沙壤土。

一代杂交种子（F1）——F1代表第一代，这些种子是两个已知亲本之间进行控制交配的结果。在理想的生长条件下，它们通常具有更有活力的植株和更多产量，因此常常被商业种植者使用。然而，由于基因相似，它们对不利条件的适应性较弱。

裸根移栽——指在地里种植后拔起蔬菜小苗或树苗（根部不带土壤，因此称为“裸根”），然后进行移栽。果树通常在裸根状态下更容易成活，一些蔬菜如卷心菜和韭葱也是如此。

生物炭——一种炭（生物质在无氧条件下热裂解之后形成的）。一般认为，它能改善土壤健康，帮助固碳，并提高土壤和堆肥保持水分和养分的能力。

焯水——将食材放入沸水中，迅速杀死可能损坏食材的病虫害及微生物。

黄化——为了获得更加鲜嫩的植株而对其进行遮挡从而避免光线照射的方法。例如，用纸包裹芹菜茎或在黑暗中种植大黄。

抽薹——植株进入生殖阶段，开始开花结籽的现象。往往会受高温与干燥天气的影响而提前发生。

玻璃罩——一种用于保护植物免受寒冷和风吹的透明覆盖物，形成类似迷你温室和大棚的效果。

立枯病——影响幼苗的疾病，通常是由播种太密或浇水过多而引发的。

点播器——一种专为在地面上打洞种植而设计的工具。

嫁接——把两种不同的植物（通常是一种的根部和另一种的茎部）连接起来形成一株植物。

炼苗—— 在室内种植的苗株在移栽出去前需要进行坚韧化的过程。通常需要在一周左右的时间内，白天把它们带到室外，晚上再带回去。

植物能活多久?

一年生植物——在一年内生长、结籽和死亡，如莴苣、向日葵等。

二年生植物——在第一年生长，在第二年结籽和死亡，如胡萝卜、甜菜等。

多年生植物——能活很多年，每年都结籽，如芦笋、黑醋栗等。

叶子的类型:

真叶——植物在子叶之后长出的叶子。通常在种子包装背面会看到“当三至四片真叶发育时移栽”这样的描述。

子叶——植物刚发芽时，会先长出一两片叶子（具体取决于植物类型㊀），这些叶子通常与后来发育出的真叶长得不一样。

㊀ 也有多片子叶的情况，大部分由品种特性和基因突变引起，不在本书讨论范围。——译者注

轮作草地——在作物轮作期间用于堆放各类覆盖物的、临时的草地。

穴盘——一种拥有许多小种植穴的育苗托盘，大大节省了育苗空间。

多联育苗——把几颗种子种在一个穴盘或盆中。

自然授粉品种——它们具有一定程度的遗传多样性，使其在各种条件下更具适应性。

疏苗移植——把幼苗移动到穴盘或盆中。这需要小心进行，以确保茎和根不受损害。移植时抓住幼苗的叶片，如果叶片折断了，它会重新生长，如果茎受损，幼苗大概率会死亡。

盆缚——植物的根长得太大，穴盘或种植盆装不下的时候。通常根会沿着容器内壁一圈圈向心生长，导致植株感受胁迫，移栽后根部难以舒展开，成功的机会较小。

条播行——用于播种种子的浅沟或沟槽，播种后用一层薄薄的土覆盖。

苗床——为播种种子而准备的土壤。

土壤pH ——用于描述土壤酸碱性的术语，7为中性。小于7为酸性，大于7为碱性。刻度呈指数增长，所以6的酸度是7的十倍，5是7的一百倍。很容易测试，对于某些对土壤酸碱度敏感的作物（如蓝莓）来说非常重要。

译者附词汇表

农箱计划——一种购买当地农产品的方式，蔬菜、水果或其他农产品装在箱子里定期送货到家。

胁迫——胁迫是对植物生长不利的环境条件，如营养缺乏、水分不足、洪涝、高温或低温、病虫害等，会引发植物的应激反应。

秀明自然农法——最早由日本人冈田茂吉提出，又称“无肥料栽培”，即不加入任何肥料，包括一般称为有机肥的所有肥料，甚至就连豆粕和人畜粪便也不能使用。

土壤健康——2016年公布的林学名词，指土壤维持和保护动植物生产力与多样性、大气与水质量、人类健康与良好居住环境的能力。

根瘤菌——根瘤菌可以帮助豆科植物固氮，豆科植物本身是不能固氮的，把豆科植物作为绿肥主要也是为了借助豆科植物积累根瘤菌进行固氮。根瘤菌将游离态氮转化成铵态氮或者是直接吸收土壤中的氮，是一种节约能耗的固氮方式。

间苗——在农作物种子出苗过程中或完全出苗后，采用机械、人工、化学等人为的方法去除多余的幼苗的过程。

移栽休克——小苗在移栽时根部损伤导致的生长受影响的现象。

压条——将植物的枝、蔓压埋于湿润的基质中，待其生根后与母株割离，形成新植株的方法，又称压枝。

根蘖——从根上长出的不定芽伸出地面形成的小植株。

砧木——指嫁接繁殖时承受接穗的植株。砧木可以是整株果树，也可以是树体的根段或枝段，有固定、支撑接穗，并与接穗愈合后形成植株生长、结果的作用。

旋耕机——与拖拉机配套完成耕、耙作业的耕耘机械。

马恩锄——在马恩岛上广泛使用的一种锄头。

全雄株——只开雄花的植株，因为并不承担育种使命，所以植株就能把营养更多地用来生长茎叶。

鳞茎——地下变态茎的一种。变态茎非常短，呈盘状，其上着生肥厚多肉的鳞叶，内贮藏极为丰富的营养物质和水分。具有鳞茎的植物相当多，除了百合花，大家比较熟悉的还有朱顶红、石蒜、水仙花、风信子、葱、蒜、韭、洋葱、葱兰等。

春化阶段——秋播作物在苗期必须经过一定时间的低温条件，才能正常抽穗开花，这个时期称为春化阶段。不经这个阶段，直接在春夏高温季节播种，虽有充足的光照和温度条件，植物也不能正常抽穗结实。

罗马花椰菜——俗称青宝塔，它以一种特定的指数式螺旋结构生长，而且所有部位都是相似体，是分型学里非常著名的案例。

高温堆肥——将人粪尿、禽畜粪尿和秸秆等堆积起来，使细菌和真菌等微生物大量繁殖，细菌和真菌等可以将有机物分解，释放出能量，形成高温。高温堆肥是生产农家肥料的重要方式。高温堆肥过程中产生的高温，也可以杀死各种病菌和虫卵。